D1843777

PLANET Erde

PLANET

Erde

Jen Green

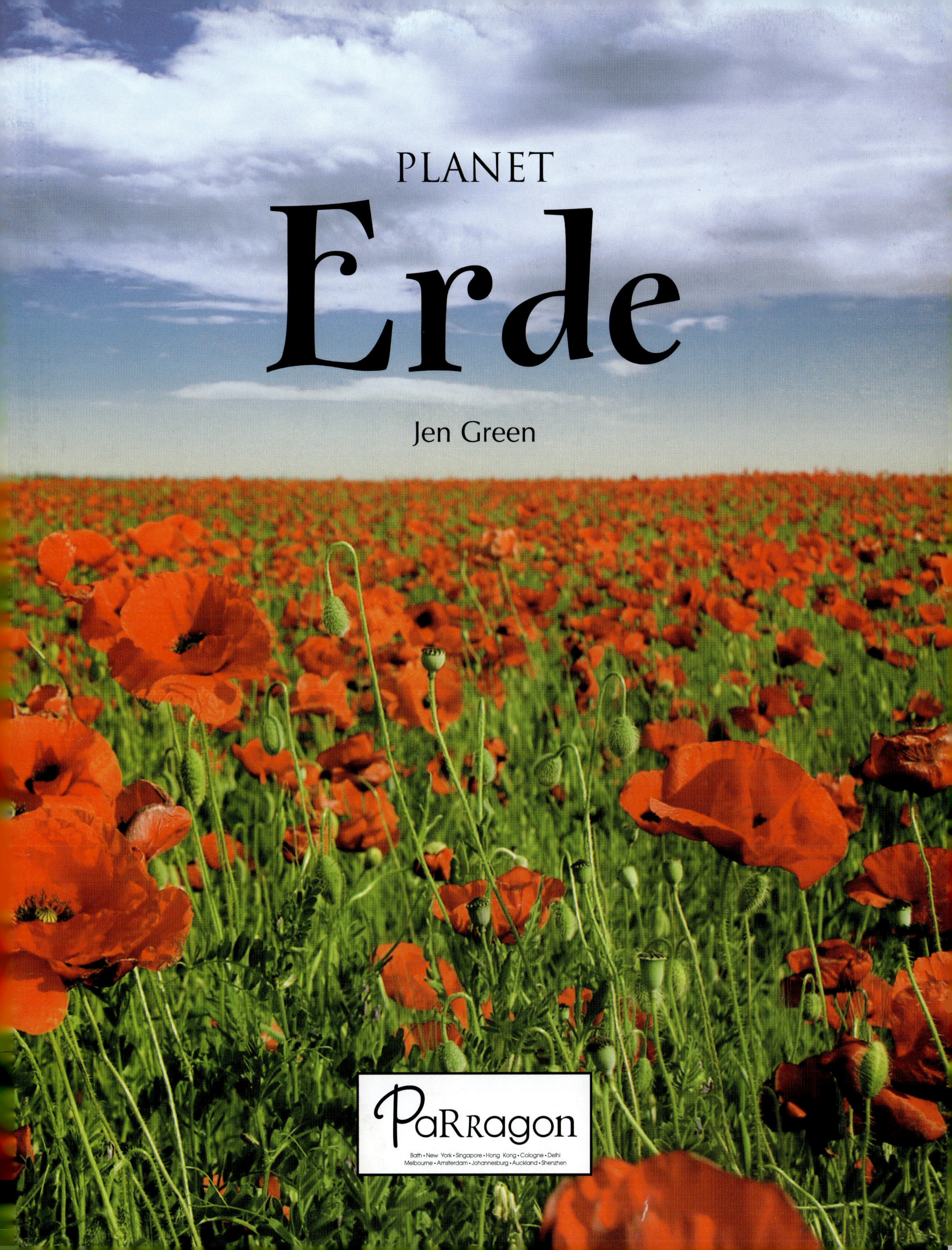

Parragon
Bath • New York • Singapore • Hong Kong • Cologne • Delhi
Melbourne • Amsterdam • Johannesburg • Auckland • Shenzhen

Copyright © Parragon Books Ltd

Entwurf und Realisation: Tall Tree Ltd, London
Text: Jen Green
Beratung: John Williams

Alle Rechte vorbehalten. Die vollständige oder auszugsweise Speicherung, Vervielfältigung oder Übertragung dieses Werkes, ob elektronisch, mechanisch, durch Fotokopie oder Aufzeichnung, ist ohne vorherige Genehmigung des Rechteinhabers urheberrechtlich untersagt.

Copyright © für die deutsche Ausgabe
Parragon Books Ltd
Queen Street House
4 Queen Street
Bath BA1 1HE, UK

Realisation der deutschen Ausgabe:
trans texas publishing, Köln
Übersetzung: Heinrich Degen, München
Lektorat: Ralf Burau, Mönchengladbach
Satz und Projektmanagement: Nazire Ergün, Köln

ISBN 978-1-4454-3209-0

Printed in Indonesia

Inhalt

Einleitung

Aus dem Weltall gleicht die Erde einer blauen Kugel, über der weiße Wolken schweben. Unsere Erde bietet ideale Lebensbedingungen für Pflanzen und Tiere: Die Sonne liefert Licht und Wärme, in Flüssen und Meeren gibt es reichlich Wasser, und die Luft enthält den zum Atmen nötigen Sauerstoff.

Dieses Buch vermittelt viele Fakten und Zusammenhänge über unsere Erde – über ihren Aufbau und die Entstehung von Gebirgen, Tälern, Flüssen und Meeren. Es erklärt, was bei Erdbeben und Vulkanausbrüchen passiert und welche Klimazonen es gibt.

Im Anhang dieses Buchs findest Du ein Glossar mit den wichtigsten Begriffen.

Unsere Erde

Die Erde, eine felsige Kugel im Weltraum, umkreist die Sonne. Sie ist der einzige derzeit bekannte Planet, auf dem es Leben gibt. Dieses Kapitel erklärt, warum es auf der Erde Tag und Nacht, verschiedene Jahreszeiten und ganz unterschiedliche Klimazonen gibt. Es schildert zudem die Entstehung der Erde sowie das Auftreten von Leben und seine stetige Weiterentwicklung.

Unser Sonnensystem

Die Erde ist einer von acht Planeten, die die Sonne umkreisen und zusammen mit ihr und anderen kleineren Himmelskörpern das Sonnensystem bilden. Die Planeten, auch die Erde, bewegen sich auf Umlaufbahnen um die Sonne.

SCHON GEWUSST?

Die Erde rast mit über 100 000 km/h auf ihrer Umlaufbahn um die Sonne. Jedes Jahr legt sie bei einer vollen Umkreisung fast 940 Millionen Kilometer zurück.

Die Planeten

Nur Merkur und Venus sind der Sonne näher als die Erde. Sie ist der fünftgrößte Planet, doch verglichen mit der Sonne erscheinen alle Planeten winzig.

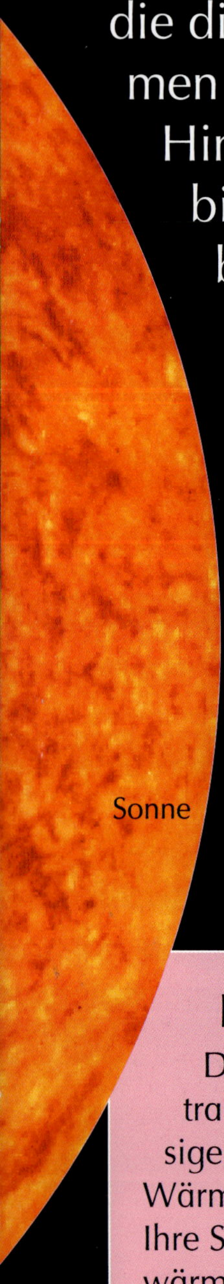

Sonne

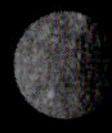

Merkur

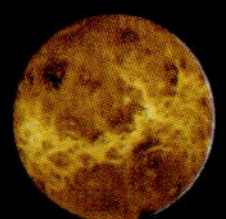

Venus

Erde

Mars

Jupiter

Die Sonne

Die Sonne, unser Zentralgestirn, strahlt als riesiger Feuerball Licht und Wärme in alle Richtungen. Ihre Strahlen erhellen und wärmen die Erde. Ohne die Wärme und Energie der Sonne wäre das Leben auf der Erde nicht möglich.

Die Erde

Aus dem All sieht die Erde blau aus, denn sie ist überwiegend mit Ozeanen bedeckt. Der Äquator, eine gedachte Linie, teilt die Erde in zwei Hälften, die man als Hemisphären bezeichnet. Am nördlichsten und südlichsten Ende der Erde liegen die Pole.

Sterne

Alle Sterne des Nachthimmels sind Sonnen. Kaum zu glauben, doch unsere Sonne ist nur einer von 100 Milliarden Sternen in unserem Teil des Universums. Sie gehört zur Milchstraße, einer riesigen Gruppe von Sternen.

Erdrotation

Die Erde scheint stillzustehen, doch sie dreht sich um sich selbst, während sie die Sonne umkreist – das nennt man Rotation. Eine volle Umdrehung dauert 24 Stunden und entspricht einem Tag.

Tag und Nacht

Die Erde dreht sich um die sogenannte Erdachse, eine gedachte Verbindungslinie zwischen Nord- und Südpol. Auf den dem Sonnenlicht zugewandten Teilen der Erde ist es Tag, auf den abgewandten Teilen ist es Nacht.

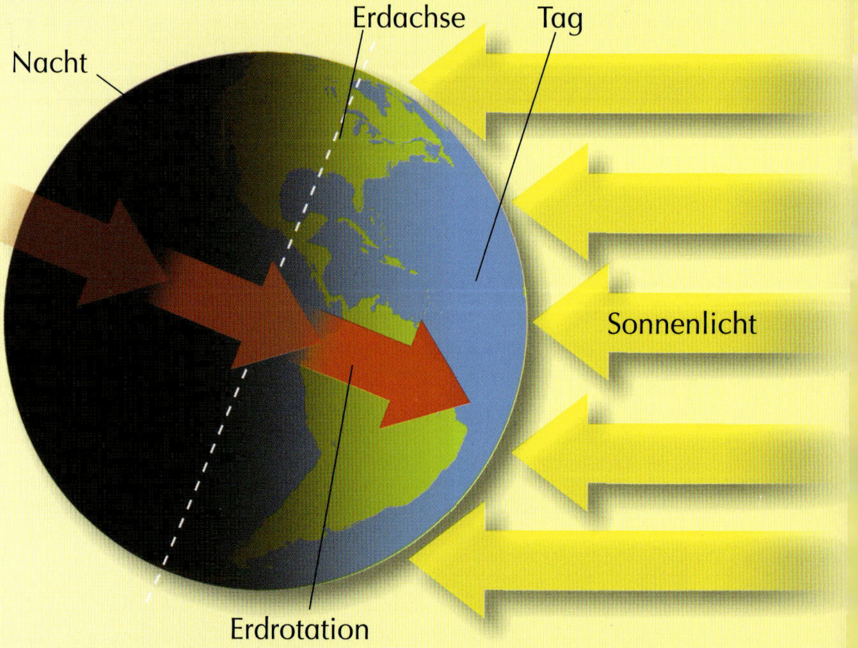

Tagesverlauf

Bei Tagesanbruch scheint die Sonne im Osten aufzugehen. Sie zieht dann über den Himmel, um im Westen unterzugehen. Aber die Sonne bewegt sich dabei überhaupt nicht; die Erdrotation verursacht diesen Effekt.

Wenn ein Objekt das Sonnenlicht abschirmt, wirft es einen Schatten. Bewegt sich das Objekt, wandert sein Schatten mit.

Nacht

Auf der von der Sonne abgewandten Seite der Erde ist es dunkel. Hier scheinen Mond und Sterne. Der Mond strahlt kein eigenes Licht ab, er reflektiert das Sonnenlicht.

SCHON GEWUSST?

Die Sonne ist rund 150 Millionen km von der Erde entfernt. Das Sonnenlicht braucht acht Minuten, bis es die Erde erreicht. Licht breitet sich mit einer Geschwindigkeit von fast 300 000 km/s aus.

Nachtaktiv

Die Menschen und viele Tiere sind bei Tag aktiv, wenn die Sonne scheint und es hell ist. Wir schlafen, wenn es dunkel ist und wir wenig sehen können. Einige Tiere, etwa Eulen, gehen bei Nacht auf die Jagd.

Dank ihrer großen Augen kann die Eule in der Dämmerung und bei Mondlicht jagen.

Erdumlaufbahn

Während du dasitzt und diese Zeilen liest, bewegt sich die Erde auf ihrer Umlaufbahn um die Sonne. Eine volle Umkreisung dauert 365 Tage – also ein Jahr. Durch die Neigung der Erdachse kommt es dabei zu regelmäßigen Veränderungen, den Jahreszeiten.

Erdneigung

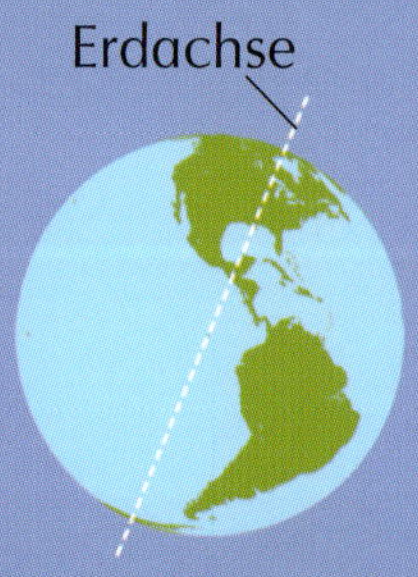

Weil die Erdachse zur Seite geneigt ist, sind bestimmte Bereiche der Erde im Verlauf des Jahres der Sonne mal näher, mal ferner.

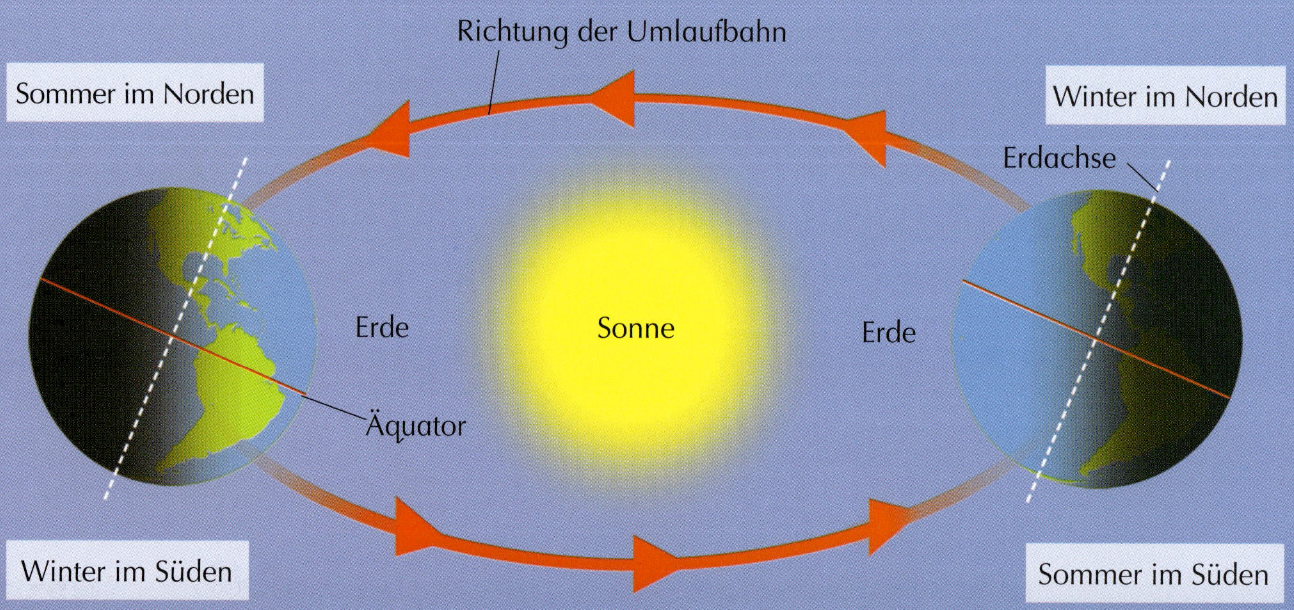

Jahreszeiten

Beim Umkreisen der Sonne ist einmal die Nordhälfte der Erde stärker zur Sonne geneigt. Hier ist dann Sommer, während in der weiter entfernten Südhälfte Winter herrscht. Sechs Monate später ist die Neigung umgekehrt, und die Jahreszeiten wechseln.

SCHON GEWUSST? Am ausgeprägtesten sind die Jahreszeiten an den beiden Polen, denn hier wirkt sich die Erdneigung am stärksten aus.

Narzissen sind Frühlingsblumen.

Frühling

Im Frühling neigt sich der entsprechende Teil der Erde zunehmend der Sonne zu. Die Tage werden länger, es wird wärmer. Blumen blühen, und Bäume bilden neue Blätter.

Sommer

Jetzt sind die Tage lang und die Nächte kurz. Die Erdhälfte ist zur Sonne geneigt, die für hohe Temperaturen sorgt.

Herbst

Im Herbst neigt sich die jeweilige Hemisphäre von der Sonne weg. Die Tage werden kürzer, die Nächte länger. Es wird kühler.

Im Herbst verfärben sich die Blätter der Bäume und fallen ab.

Winter

Der Winter bringt lange Nächte und kurze Tage. Es ist die kälteste Jahreszeit, da die entsprechende Erdhälfte weiter von der Sonne entfernt ist als im Sommer.

Starke Kräfte

Durch ihre enorme Größe und Masse zieht die Erde Objekte an. Diese sogenannte Gravitation verhindert, dass wir Menschen und alle anderen Dinge ins All entschweben.

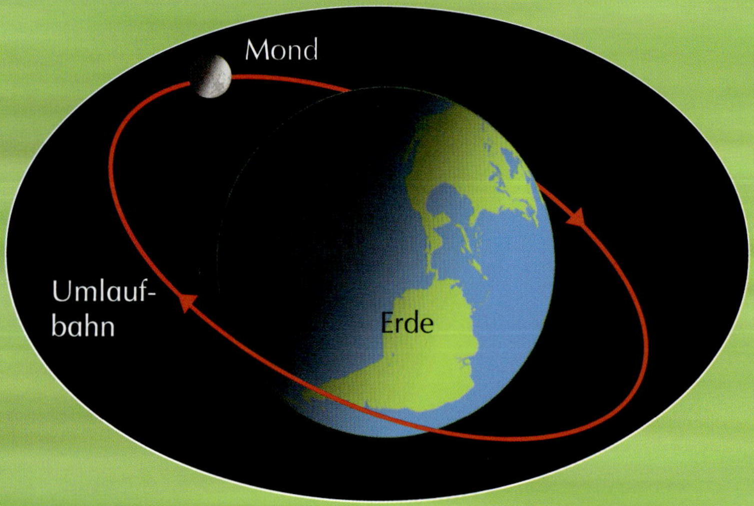

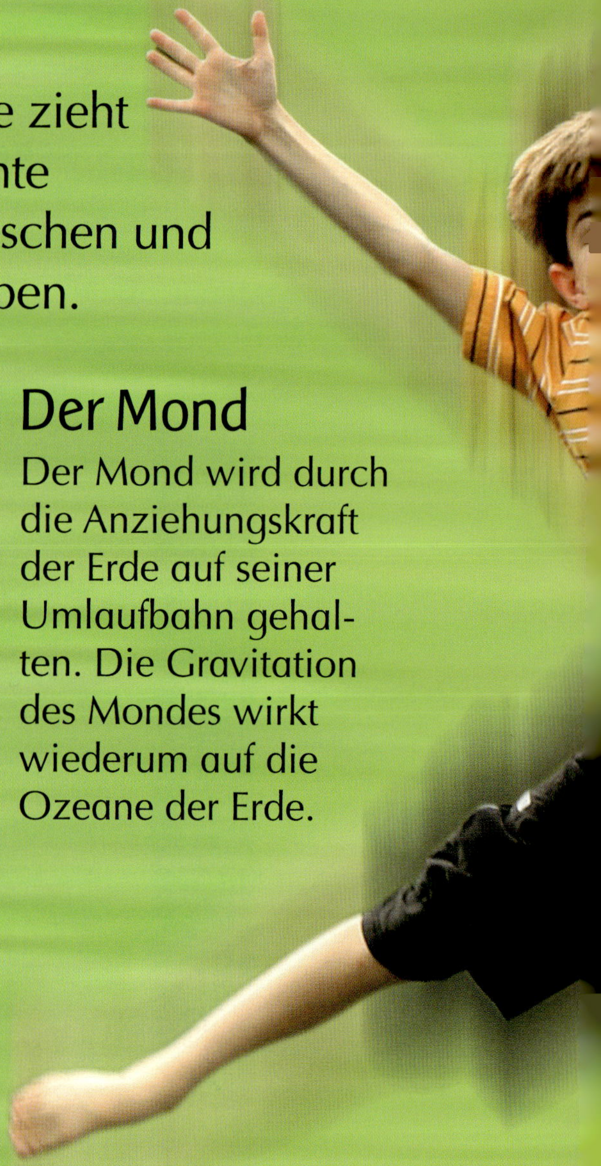

Der Mond

Der Mond wird durch die Anziehungskraft der Erde auf seiner Umlaufbahn gehalten. Die Gravitation des Mondes wirkt wiederum auf die Ozeane der Erde.

Gravitation

Durch die Anziehungskraft der Erde fallen alle Dinge zu Boden. Alle großen, schweren Körper, wie zum Beispiel Planeten, üben solche Kräfte aus. Die Gravitation der Sonne ist gewaltig und bewirkt, dass die Erde und andere Planeten im Sonnensystem um sie kreisen.

SCHON GEWUSST?

Im Magnetfeld eines Planeten wirken starke magnetische Anziehungskräfte. Das Magnetfeld der Erde reicht bis zu 60 000 km weit ins Weltall.

Magnetismus

Wissenschaftler vermuten, dass die Erde durch Eisen im Erdinnern wie ein riesiger Stabmagnet wirkt. Die Enden dieses Magnets bilden Nord- und Südpol. Der Erdmagnetismus wirkt bis weit ins Weltall hinaus.

Winzige Feilspäne aus Eisen werden von diesem Stabmagnet angezogen und machen das Magnetfeld sichtbar.

Wo ist Norden?

Der Nord- und Südpol der Erde üben eine große magnetische Anziehungskraft aus. Die Magnetnadel in einem Kompass zeigt immer nach Norden. So ist eine Orientierung im Gelände möglich.

Wie hoch man auf einem Trampolin auch springt, die Erdanziehungskraft holt einen immer wieder zum Boden zurück.

Sonne

Wie die Erde entstand

Die Erde ist unglaublich alt. Man vermutet, dass Sonne und Planeten vor rund fünf Milliarden Jahren entstanden. Unser Sonnensystem entwickelte sich aus einer sich im All drehenden Gas- und Staubwolke.

Entstehung des Sonnensystems

Aus dem Gas im Zentrum dieser Wolke bildete sich die Sonne. Staubteilchen verklumpten und formten Steinbrocken, die sich beim Zusammenstoßen zu steinigen Planeten wie der Erde verdichteten. Die Gravitation der Sonne zwang die Planeten auf die Umlaufbahnen.

Um die Sonne kreisende Gesteinsbrocken stießen zusammen und bildeten Planeten.

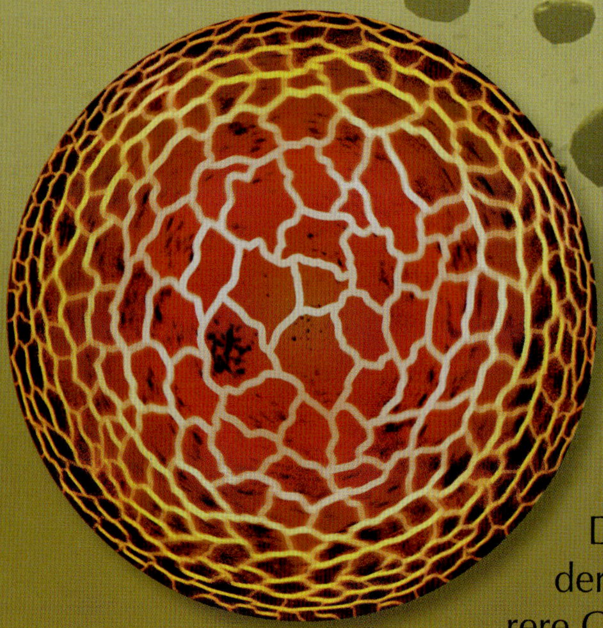

Geburt der Erde

Die Erde war zunächst eine feurige Kugel aus heißem, flüssigem Gestein. Die Hitze wurde beim Zusammenprall der Gesteinsbrocken freigesetzt. Das schwerere Gestein sank ins Erdinnre, das leichtere schwamm auf der Oberfläche und bildete beim Abkühlen eine Kruste.

Gestein aus dem Weltall

Die junge Erde wurde noch nicht durch eine Atmosphäre vom Weltall abgeschirmt. Riesige Steinmeteoriten schlugen auf der Erdoberfläche ein und erzeugten tiefe Krater.

Meteoritenkrater in Arizona

Fakten: Erde

- Im Erdinnern ist das Gestein noch immer flüssig. Die Oberfläche kühlte sich ab und bildete eine feste Kruste.
- Die Erde ist keine perfekte Kugel, sondern in der Mitte leicht ausgebuchtet und an den Polen abgeflacht.
- Im Vergleich zur Sonne ist die Erde winzig: Mehr als eine Million Erden hätten in der Sonne Platz.

Überall Vulkane

Vor vier Milliarden Jahren war die Erdoberfläche mit Vulkanen (siehe S. 64–75) übersät, die heiße Lava spuckten. Aus dem Gas und Dampf der Vulkane bildete sich die erste Atmosphäre der Erde. Aus dem Dampf entstanden Wolken, deren Regenwasser sich in Mulden sammelte und die Ozeane schuf.

Diese Bakterien sind in vielfacher Vergrößerung abgebildet.

Entstehung des Lebens

Wissenschaftler vermuten, dass sich vor rund 3,8 Milliarden Jahren erstes Leben auf der Erde entwickelte. Über Millionen von Jahren hinweg passten sich die Lebewesen langsam an ihre Umwelt an. Diesen Prozess nennt man Evolution.

Erste Lebensformen

Die ersten Lebewesen entstanden in den Ozeanen. Es waren einfache und winzige einzellige Bakterien. Viel später entwickelten sich im Meer kleine Pflanzen, genannt Algen.

Pflanzen erzeugen Sauerstoff

Die Algen nutzten die Sonnenenergie zum Wachsen und gaben dabei Sauerstoff ab. Einige dieser Mikroorganismen bildeten Kalkkrusten, sogenannte Stromatolithen, wie man sie noch immer in warmen Meeren findet.

Stromatolithe in Australien

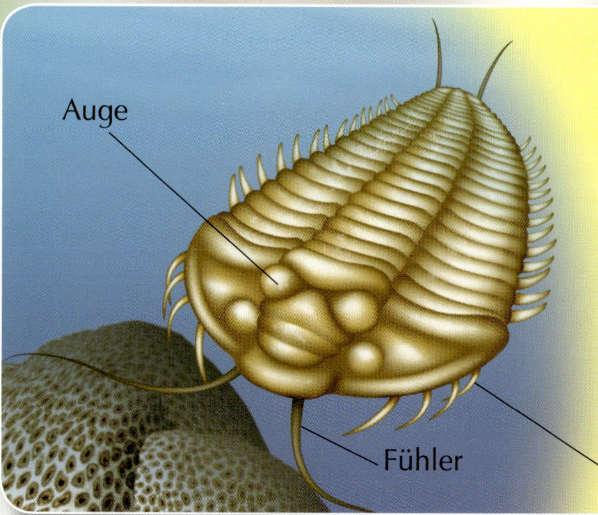

Erste Tiere

Die ersten Tiere tauchten vor rund 600 Millionen Jahren in den Ozeanen auf. Es waren sehr einfache Weichtiere. Allmählich entwickelten sich vielzellige Lebewesen mit komplexerem Körperbau. Einige, wie die Trilobiten (Urkrebse), besaßen panzerartige Schalen.

Die Trilobiten hatten viele Beine.

Leben an Land

Vor etwa 400 Millionen Jahren tauchten die ersten Wirbeltiere auf. Es waren Fische, die sich ganz unterschiedlich weiterentwickelten. Einige Arten besaßen fleischige Flossen und konnten aus dem Wasser an Land kriechen.

Schlammspringer sind Fische, die sich an Land bewegen können.

SCHON GEWUSST?

Die Trilobiten waren vermutlich die ersten Tiere mit Augen. Sie hatten Fühler am Kopf, die sie zur Nahrungssuche benutzten.

Fossilien

Fossilien sind die Überreste von Pflanzen und Tieren, die vor Millionen von Jahren gelebt haben. Sie blieben im Gestein erhalten. Wissenschaftler erforschen an Fossilien die frühe Erdgeschichte.

Die harte Schale dieses Ammoniten ist versteinert.

Ammoniten

Dies ist ein fossiler Ammonit. Ammoniten hatten Kalkschalen und bevölkerten vor Millionen von Jahren die Ozeane. Aus der spiralförmigen Schale schauten die Tentakel des lebendigen Tieres heraus.

Wie Fossilien entstanden

Wenn ein Ammonit starb, sank er zum Meeresboden hinab. Die weichen Teile verwesten, die Schale wurde unter Sand begraben, der sich über Millionen von Jahren langsam zu Gestein verdichtete. Mineralien verwandelten die Schale in Gestein.

Ein toter Ammonit am Meeresboden

Ammonit und Sand wurden zu Stein.

Bernstein

Eine andere Fossilienart ist Bernstein. Dieses oft durchsichtige, gelbe Material ist von vorzeitlichen Bäumen abgesondertes, versteinertes Harz. Häufig wurden Insekten in dem Saft gefangen und härteten zu einem Fossil aus.

In diesem Bernstein sind die feinen Beine und Flügel der Insekten erkennbar.

Bernsteinfossilien können bis zu 90 Millionen Jahre alt sein.

Fossiler Farn

Dieser Abdruck eines Farns hat sich im Gestein erhalten. Farne gedeihen in feuchtwarmer Umgebung. In den dampfenden Wäldern vor 300 Millionen Jahren wuchsen sie prächtig.

Frühes Leben

Seit der Entstehung des Lebens haben viele erstaunliche Tiere die Erde bewohnt. Die Zeit von 230 Millionen bis 65 Millionen v. Chr. bezeichnet man als Reptilienzeitalter. Damals beherrschten riesige Reptilien Land, Himmel und Meer.

Tyrannosaurus Rex war ein wilder, fleischfressender Dinosaurier.

Dinosaurier

Eine Gruppe von Reptilien, die Dinosaurier, beherrschte das Land. Manche waren nur so groß wie eine Katze, andere wie ein Flugzeug. Es gab Fleischfresser, aber auch reine Pflanzenfresser.

SCHON GEWUSST? Die größten Dinosaurier waren vermutlich bis zu 40 m lang und Pflanzenfresser. Wenn sie vorbeizogen, bebte die Erde. Heute leben keine Dinosaurier mehr.

Der im Ozean lebende Plesiosaurus benutzte seine Füße als Paddel.

Schwimmende und fliegende Reptilien

Andere große Reptilien schwammen in den Ozeanen. Der Plesiosaurus hatte einen langen Hals und paddelförmige Füße. Die Flugsaurier flogen mit ihren mit Haut bespannten Flügeln durch die Luft.

Dinosaurierfossilien

Dieser Forscher gräbt ein Dinosaurierskelett aus. Vorsichtig löst er das Fossil aus dem Gestein. Dinosaurierknochen fand man überall auf der Welt. Man hat sogar Fußspuren und Kot von Sauriern entdeckt.

Das Ende der Dinosaurier

Vor 65 Millionen Jahren starben die Dinosaurier und andere Riesenreptilien aus. Es wird vermutet, dass ein gewaltiger Meteorit auf der Erde einschlug. Die dabei aufgewirbelte Staubwolke verdunkelte jahrelang die Sonne. Viele Pflanzen starben ab, und die Saurier verhungerten.

Der Meteorit explodierte beim Aufschlag auf die Erde. Die Katastrophe veränderte schlagartig das Klima.

Das Klima der Erde

Den regelmäßigen Witterungsverlauf nennt man Klima. Jeder Teil der Erde hat ein eigenes Klima. Die Sonne hat großen Einfluss auf das Klima, ebenso Gebirge, Meere und auch Städte.

Wärme der Sonne

In der Äquatorregion treffen die Sonnenstrahlen fast senkrecht auf: Hier herrscht ein heißes, tropisches Klima. An den Polen fallen die Sonnenstrahlen schräg ein und entwickeln weniger wärmende Kraft. Die Polarregionen haben deshalb ein kühles Klima.

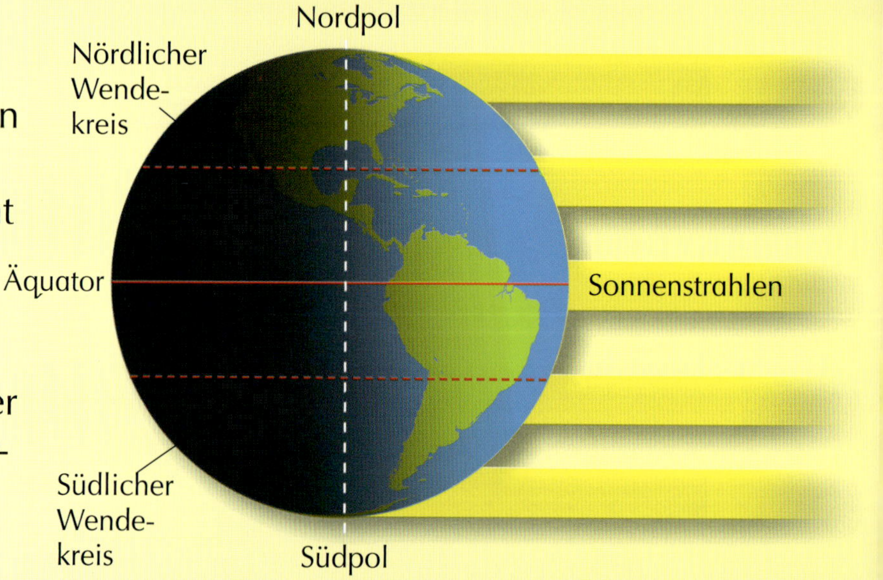

SCHON GEWUSST?

Weil das Meer sich langsamer erwärmt und abkühlt als das Land, sorgt es für ausgeglichene Temperaturen an der Küste. Im Landesinnern sind die Sommer meist sehr heiß und die Winter extrem kalt.

Küstenklima

Am Meer herrscht meist ein mildes Klima. Die Temperaturen sind relativ ausgeglichen. Das Land wird durch Meeresbrisen im Sommer gekühlt und im Winter gewärmt.

Kühle Gipfel

Das Klima im Gebirge ist eher kühl. Die Luft in den Höhenlagen kann nicht so viel Sonnenhitze speichern wie die Luft in Meereshöhe. Die Gipfel der Hochgebirge sind das ganze Jahr mit Schnee und Eis bedeckt.

Wolken bringen Regen ins Gebirge.

Stadtklima

In Städten herrschen ganz spezielle Klimabedingungen. Gebäude und Straßen saugen tagsüber die Sonnenhitze auf und geben sie nachts ab. In Städten ist es deshalb wärmer als im Umland.

Klimazonen

Das Klima einer Region wirkt sich auf die dort lebenden Tiere und Pflanzen aus. In großen Bereichen der Erde wachsen dieselben Pflanzenarten. Diese Regionen nennt man Biome.

Biome der Erde

Diese Karte zeigt die Biome der Erde. Welche Pflanzenarten an einem Ort gedeihen, hängt von der Temperatur und den Niederschlägen dort ab. An warmen, regenreichen Orten gibt es viele Pflanzenvarianten, an kalten, trockenen nur wenige.

Wüsten

Wüsten sind sehr trockene Orte mit weniger als 250 mm Niederschlag pro Jahr. In manchen Wüsten fällt über Jahre kein Regen. Es gibt Sand-, Stein- und Felswüsten. Oft ist es dort am Tag glühend heiß und in der Nacht eisig kalt.

Laubwald im Herbst

Gemäßigte Zonen

Das Klima der zwischen den Pol- und Tropengebieten gelegenen gemäßigten Regionen ist mild und regenreich. Die meisten Bäume verlieren hier im Herbst ihr Laub.

Kühle Waldgebiete und Tundra

Die Bäume im kühlen Norden sind immergrün. Außer im Sommer wächst in der Tundra nur wenig. Unter der Oberfläche bleibt der Boden das ganze Jahr über gefroren.

Pflanzen blühen im kurzen Tundrasommer.

Heißes Klima

Am Äquator und in den Tropen herrscht ein heißes Klima. Dort ist es das ganze Jahr über warm, und es gibt keine frostigen Nächte. Nur auf den Gipfeln der höchsten Berge fällt Schnee.

Das Death Valley ist eine Wüste im Westen der USA.

Hitzerekorde

Dallol in Ostafrika gilt mit einer Durchschnittstemperatur von 34 °C als heißester Ort der Erde. Im Death Valley werden die höchsten Temperaturen erreicht – bis zu 56 °C – allerdings nicht auf Dauer.

Zwei Jahreszeiten

Die Erdneigung wirkt sich in den Tropen kaum aus, sodass es dort weder Frühling, Sommer, Herbst oder Winter gibt. Einige Tropenregionen kennen zwei Jahreszeiten: eine Trocken- und eine Regenzeit.

In Indien dauert die Regenzeit von April bis September.

Üppige Regenwälder

Fast überall am Äquator regnet es nahezu täglich. In diesem feuchtwarmen Klima können die Bäume des Regenwalds ideal gedeihen. Im Regenwald leben mehr Pflanzen- und Tierarten als in jedem anderen Biom.

SCHON GEWUSST? In der libyschen Stadt El Azizia wurden 1922 unglaubliche 57,7 °C gemessen – ein Hitzerekord auf unserem Planeten.

Tropische Savannen

Tropische Grasgebiete bilden sich dort, wo es weniger als im Bereich der Regenwälder, aber mehr als in Wüsten regnet. Hier sind viele grasfressende Tiere, wie Zebras und Antilopen, beheimatet, aber auch von ihnen lebende Raubtiere wie Löwen.

Löwen leben in den tropischen Savannen Afrikas.

In den Polarregionen scheint im Sommer die Sonne auch nachts.

Kühles Klima

Die Regionen um den Nord- und Südpol sind die kältesten Gebiete der Erde. Hier entwickeln die Sonnenstrahlen kaum wärmende Kraft. Das meiste Land der Polarregionen liegt unter einer dicken Eis- und Schneeschicht.

Schimmernde Lichter

Am Nachthimmel der Polargebiete zeigen sich manchmal schimmernde Lichtwirbel – das Polarlicht. Diese auch Aurora genannten Lichter variieren von rot, grün bis lila. Ursache dieses beeindruckenden Lichts sind Teilchen des Sonnenwindes, die auf die Atmosphärengase treffen.

Mitternachtssonne

Im Sommer sind die Pole der Sonne zugeneigt. In der Nacht sinkt die Sonne dann tief am Himmel, geht aber nie unter. Im Winter neigen sich die Pole von der Sonne weg. Die Sonne geht nie richtig auf, und es ist ständig dunkel.

Arktis

Das Gebiet um den Nordpol bezeichnet man als Arktis. Es besteht vor allem aus dick vereisten Teilen des Polarmeers. Im Meer und auf dem Eis leben Eisbären und Robben.

Dieser Eisbär macht Jagd auf Robben.

SCHON GEWUSST?

Die Wostok-Station in der Antarktis ist der kälteste Ort der Erde. Hier wurde eine Temperatur von –89 °C gemessen.

Pinguine haben ein dichtes Gefieder und eine wärmende Fettschicht unter ihrer Haut.

Antarktis

Das Gebiet um den Südpol heißt Antarktis. Hier liegt die riesige Landmasse Antarktika, die von einer bis zu 3 km dicken Eiskappe bedeckt wird. Nur an der Küste leben Pinguine und Robben.

Gesteine und Boden

Dieses Kapitel beschreibt, wie sich Gesteine bilden und dann an der Erdoberfläche durch Regen, Frost und Sonnenlicht verwittern. Im Untergrund lagern wertvolle Stoffe, unter anderem Gold, Silber und Diamanten. Außerdem findet man dort die begehrten fossilen Rohstoffe Kohle, Erdöl und Erdgas. Der größte Schatz ist aber vielleicht der Boden selbst, der die felsige Erdoberfläche bedeckt. Warum das so ist, erfährst Du in diesem Kapitel.

Steiniger Planet

Wir leben auf der felsigen, harten Oberfläche der Erde, der sogenannten Kruste. Unter der Kruste ist es so heiß, dass das Gestein zähflüssig ist.

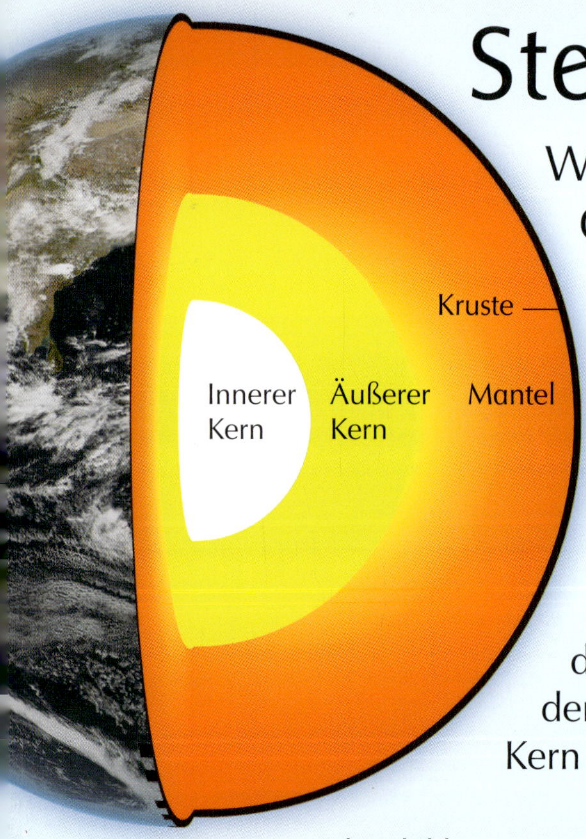

Schnittbild der Erde

Im Erdinnern

Wissenschaftler vermuten, dass die Erde aus mehreren Schichten besteht. Die Kruste ist dünn wie die Schale einer Nuss. Darunter liegt der Erdmantel mit rot glühendem Gestein. Im Kern ist es noch heißer.

Felsformationen der Erdkruste im Grand Canyon

Hitze aus der Tiefe

In tiefen Bergwerken spürt man die Hitze des Gesteins. Doch selbst die tiefsten Schächte sind nicht mehr als ein kleiner Nadelstich in die riesige Erdkugel.

Arbeiter in einem heißen, tiefen Bergwerk

Felsige Kruste

Die Erdkruste besteht aus Gebirgen und Felsen. An jedem Ort der Erde trifft man auf Fels, wenn man die Bodenschicht entfernt. Diese Felswände entstanden, als sich ein Fluss durch ein Felsmassiv grub.

Meeresboden

An Land ist die Erdkruste – mit 20–90 km – viel dicker als am Meeresboden, wo sie nur 7 km Dicke erreicht.

SCHON GEWUSST?

Wissenschaftler schätzen die Temperatur im Mittelpunkt der Erde auf 5000 °C. Der äußere Kern besteht aus teilweise flüssigem Gestein. Der innere Kern ist ein fester Metallkern.

Vulkangestein

Gestein bildet sich auf verschiedene Weise. Vulkangestein steigt als rot glühendes, flüssiges Gestein fast bis an die Erdoberfläche und kühlt zu festem Gestein ab.

Glühende Lava

Das rot glühende, flüssige Gestein im Erdinnern nennt man Magma. Wenn es aus einem Vulkan (siehe S. 64–75) austritt, heißt es Lava. An der Oberfläche kühlt die Lava rasch ab und wird fest.

Bimsstein

Der poröse Bims entsteht aus schaumiger Lava und enthält viele kleine Luftbläschen. Die Luft wurde beim Abkühlen der Lava eingeschlossen. Daher ist dieses Gestein so leicht, dass es auf Wasser schwimmt.

Man benutzt Bimsstein, um Hornhaut wegzurubbeln.

Giant's Causeway

Basalt ist erkaltete Lava. Vulkane am Meeresboden stoßen geschmolzene Lava aus, die beim Kontakt mit dem Wasser rasch abkühlt. Die Basaltsäulen des Giant's Causeway in Nordirland entstanden, als die Lava schnell abkühlte, schrumpfte und dadurch zersprang.

SCHON GEWUSST? Die meist sechseckigen Basaltsäulen des Giant's Causeway soll der Sage nach ein Riese als Trittsteine gelegt haben.

Gebäude aus Granit in Schottland

Granit

Auch Granit ist ein Vulkangestein und bildet sich, wenn aufsteigendes Magma vor Erreichen der Erdoberfläche abkühlt. Das harte Gestein wird im Häuser- und Straßenbau verwendet.

Abnutzung

Gestein ist an der Oberfläche ständig Regen, Wind, Frost und Sonnenschein ausgesetzt. Teile brechen ab und werden von Wind und Wasser weggetragen. Diesen Prozess nennt man Erosion.

SCHON GEWUSST?

Die Erosion vollzieht sich meist sehr langsam, aber manchmal brechen bei einem Erdrutsch große Felspartien auf einmal weg.

Diese flache Kalksteinplatte wird von tiefen Furchen durchzogen.

Steinfresser

Regenwasser enthält schwache Säuren, die weiches Gestein wie Kalk angreifen und auflösen. Im Lauf der Zeit gräbt so das Regenwasser tiefe Furchen in das Gestein.

Vom Eis gesprengt

An kalten Orten, etwa im Gebirge, sickert Wasser in Felsspalten und gefriert über Nacht. Weil Eis mehr Volumen als Wasser hat, drückt es die Spalten weiter auf, bis irgendwann ein Felsstück abplatzt.

Eis hat diesen Fels gesprengt.

Vom Wind abgeschmirgelt

An trockenen, windigen Plätzen wirbelt der Wind Sand auf. Wenn der Wind den Sand gegen einen Fels bläst, wirkt der Sand wie ein Schleifpapier und kann in den Fels weiche Wellen schleifen.

Dieser Fels in Westaustralien heißt Wave Rock.

Davongetragen

Bei Regen trägt das Wasser kleine, lose Gesteinsstücke davon. Das Wasser sammelt sich in Flüssen und transportiert das Geröll talwärts, bis es sich in Seen oder Meeren absetzt.

Sedimentgestein

Neben Vulkangestein gibt es auch Gesteinsarten, die sich aus Geröll bilden, das Flüsse ins Meer transportiert haben. Die Brocken werden durch weitere Gesteinsablagerungen zusammengepresst und zu massivem Gestein verfestigt.

Gesteinsschichten

Das ins Meer geschwemmte Gestein setzt sich als Sediment in Schichten am Meeresboden ab. Bei der Entstehung von Gebirgen (siehe S. 90–91) können sie emporgehoben und zu Land werden.

Diese Sandsteinklippe in Neuseeland zeigt deutlich die Gesteinsschichten.

Tongefäße

In feuchtem Zustand ist Ton weich und kann zu Gefäßen geformt werden. Diese werden in einem Ofen hart gebrannt.

Kinder helfen bei der Herstellung einer Tonvase.

Puddingstein

Als Puddingstein oder Konglomerat bezeichnet man ein Gestein, das am Meeresboden abgelagertes Geröll enthält. Es entsteht, wenn die Gesteinsbrocken oder Kiesel durch Druck fest miteinander verbunden werden.

Diese Klippen bestehen aus Kreide.

SCHON GEWUSST? In Sedimentgesteinen wie Kalk- oder Sandstein findet man oft Fossilien, die Überreste vorzeitlicher Pflanzen und Tiere.

Kreide

Kreide, ein weiches, weißes Gestein, besteht aus den Schalen winziger Meerestiere. Die Schalen lagerten sich am Meeresboden ab, wurden von anderen Sedimenten abgedeckt und allmählich zu Kreide. Mit Kreide kann man auf Wandtafeln und Gehwegen malen.

Metamorphes Gestein

Ein weiterer Gesteinstyp, das metamorphe Gestein, bildet sich, wenn Gestein im Untergrund Hitze oder Druck ausgesetzt wird. Den Druck können darüberliegende Gesteinsschichten oder aufsteigendes Magma ausüben, welches das Gestein zusätzlich erhitzt.

SCHON GEWUSST?

Marmor ist ein metamorphes Gestein. Einige der berühmtesten Skulpturen wurden aus diesem Gestein gehauen.

Erhitztes Gestein

Diese metamorphe Gesteinsart heißt Gneis. Die Wellenlinien zeigen, wo die Gesteinslagen geschmolzen und verformt wurden. Dies passiert manchmal, wenn bei Erdbeben (siehe S. 76–85) Gestein in den Untergrund geschoben wird.

Tonschiefer

Tonschiefer bildet sich, wenn Tonstein tief in den Untergrund gepresst wird. Schiefer lässt sich leicht in dünne Platten spalten, mit denen man Dächer deckt.

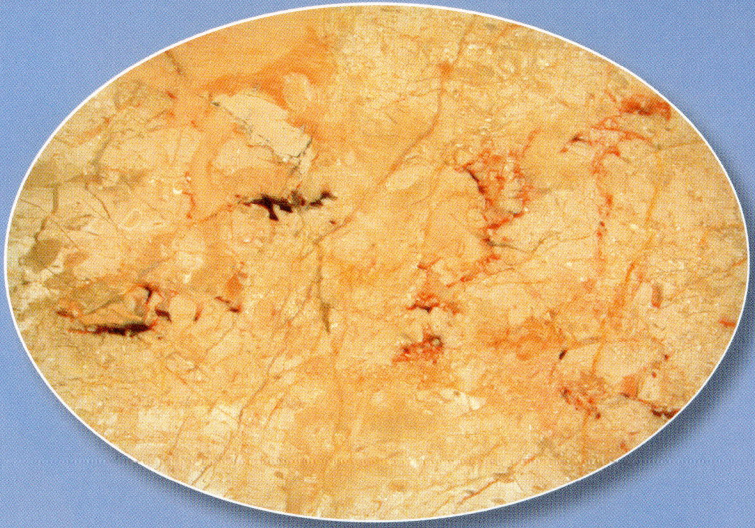

Marmor

Marmor entsteht, wenn Kalkstein im Untergrund erhitzt wird. Durch Hitze und Druck verändert das Gestein seine Farbe und Struktur. Marmor lässt sich gut bearbeiten und glänzt nach dem Polieren.

Der Tadsch Mahal

Der Tadsch Mahal, ein prächtiges Grabmal im Norden Indiens, ist aus weißem Marmor erbaut und mit farbigem Marmor verziert. Marmor kommt in verschiedenen Farben – Schwarz, Rosa und Grün – und gemustert vor.

Die Kuppel besteht aus verschiedenfarbigen Marmorblöcken.

Bryce Canyon

Der Bryce Canyon ist ein Nationalpark im Westen der USA. In der Felslandschaft aus Schichten von Sand-, Kalk- und Schlammstein entstanden im Lauf der Zeit durch den Einfluss von Wasser, Eis und Wind fantastische Felsformationen.

Tierwelt

Im Park lebende Tiere, wie Rehe, Hirsche und Füchse, nutzen die Felsen teilweise als Schutz. Dort nisten auch Schwalben, Raben und Adler.

Hoodoos

Die hohen Felssäulen im Bryce Canyon nennt man Hoodoos. Sie bestehen aus weichem Schlammstein mit einer Deckschicht aus festerem Kalkstein. Eis und Wasser tragen den weichen Schlammstein viel schneller ab als den harten Kalk.

Wasser, Eis und Wind graben tiefe Furchen in den Fels.

Fakten: Bryce Canyon

- Die Gesteinsschichten des Bryce Canyon bildeten sich am Grund von Seen und Flüssen. Mit der Zeit hoben die Kräfte, die dieses Gebirge bildeten, das Gestein in eine Höhe von 2500 m.
- Im Bryce Canyon findet man mehr Hoodoos als irgendwo sonst auf der Welt.

Die Flügel des Weißkopfseeadlers haben eine Spannweite von bis zu 2,5 m.

Farbige Felsen

Die Felsen im Bryce Canyon sind durch ihren Gehalt an Eisen und Mangan rosa und orange gefärbt. Bei Sonnenauf- und -untergang erglühen sie in hellem Rot.

Felsbögen

Im Sommer kommt es im Bryce Canyon zu heftigen Gewitter- und Hagelstürmen. Im Winter bedecken Schnee und Eis den Talboden. Regen, Hagel, Schnee und Eis formen die Felsen zu tollen Skulpturen wie diesem Bogen.

SCHON GEWUSST?

Der Bryce Canyon wurde 1928 ein Nationalpark. Er umfasst 145 km². Die berühmten Hoodoos im Park sind bis zu 60 m hoch.

Mineralien

Die Bestandteile des Gesteins bezeichnet man als Mineralien. Es gibt Tausende von verschiedenen Mineralien, doch nur rund Hundert sind weiter verbreitet.

Granit

Granit besteht aus drei verschiedenen Mineralien: Quarz, Glimmer und Feldspat. Sie sind in dieser Nahaufnahme gut zu erkennen. Granit wird hauptsächlich zum Bauen eingesetzt.

Ein Verband aus Gips

Bei einem Arm- oder Beinbruch legt der Arzt für die Heilungsphase einen Gipsverband an. Gips ist ursprünglich ein weiches Mineral. Die angefeuchtete Gipsbandage härtet zu einem festen Stützverband aus.

Der feuchte Gipsverband wird um das Bein geformt.

SCHON GEWUSST? Aus dem weichen Mineral Grafit macht man Bleistiftminen, aus dem ebenfalls sehr weichen Talk Farbkreiden und Schminke.

Kupfermine

Wertvolle Mineralien wie Kupfererz werden in Minen abgebaut. Meist reichen die Bergwerke bis tief unter die Erde, aber Kupfererz findet man auch dicht unter der Oberfläche. Aus Kupfer macht man Wasserrohre und Elektrokabel.

Feuerwerk

Für Feuerwerkskörper, etwa Wunderkerzen, verwendet man Schwefel. Dieses gelbe Mineral braucht man auch für Streichhölzer und Sprengstoff.

Metalle

Metalle glänzen, sind sehr stabil und doch gut verformbar. Man findet sie in Form von Erzen im Gestein, oft vermischt mit anderen Mineralien. Seltene Metalle wie Gold sind sehr teuer.

Ein Klumpen Golderz

Ehering aus Gold

SCHON GEWUSST?

Das größte je entdeckte Goldnugget wog 70 kg. Man fand es 1869 in Victoria in Australien und taufte es „Welcome Stranger".

Gold

Gewöhnlich findet man Gold im Gestein tief im Boden. Einige Glückliche fanden aber schon Goldklumpen, die sogenannten Nuggets, direkt an der Oberfläche. Kleine Goldstückchen werden auch im Gestein in Flüssen gefunden.

Silber

Das ebenfalls seltene Metall Silber findet man in Form von Erz. Das gemahlene Erz wird erhitzt, um das Silber auszuschmelzen. Aus Silber prägt man Münzen.

Diese Silbermünzen stammen aus dem antiken Griechenland.

Goldrausch

Wenn irgendwo Gold entdeckt wird, strömen Tausende Menschen dorthin. Die Hoffnung, reich zu werden, löst einen Goldrausch aus. Im Flusssand enthaltenes Gold wird durch Auswaschen gewonnen. Das schwere Gold setzt sich in der Pfanne am Boden ab.

Ein Goldsucher bei der Goldwäsche, Kalifornien um 1890

Gewinnung von Eisen

Eisen wird durch Erhitzen von Eisenerz unter Zugabe von Kalkstein und Koks in einem Hochofen gewonnen. Das heiße, flüssige Eisen fließt unten aus dem Hochofen ab. Eisen wird durch Veredelung zu noch festerem Stahl.

Rot glühendes, flüssiges Eisen wird aus dem Hochofen in einen Behälter gefüllt.

Edelsteine und Juwelen

Edelsteine sind ebenfalls wertvolle Mineralien. Wenn Fachleute die Steine schleifen und polieren, entstehen daraus funkelnde Juwelen. Es gibt über 50 verschiedene Edelsteine – alle sind selten, einige sogar sehr.

Rohdiamant

Diamanten entstehen, wenn Kohlenstoff im Erdinnern Hitze und hohem Druck ausgesetzt wird. Aus dem Boden geförderte Rohdiamanten funkeln kaum. Erst durch das Schleifen vieler Facetten bringt man einen Diamanten zum Funkeln.

Dieser Diamant wurde durch Schleifen und Polieren zum Funkeln gebracht.

SCHON GEWUSST?

Der Diamant ist das härteste auf der Erde zu findende Mineral. Man verarbeitet ihn zu Schneidewerkzeugen und Juwelen.

Kristalle

Die meisten Edelsteine bilden regelmäßig geformte Kristalle. Jede Kristallart hat eine typische Gitterform mit einer bestimmten Anzahl von Flächen. In diesem Amethystbrocken sind die purpurfarbenen Kristalle gut zu erkennen.

Farbenpracht

Edelsteine gibt es in vielen, schönen Farben. Saphire sind blau, Smaragde intensiv grün, Rubine und Granate dunkelrot. Opale zeigen unterschiedliche Färbungen; sie bekommen keinen Facettenschliff, sondern eine runde, weiche Form.

Die größten Opale kommen aus Australien.

Kronjuwelen

Die britische Königskrone ist mit über 3000 Edelsteinen besetzt. Einer der größten ist der berühmte Diamant Cullinan II. Der größte rote Edelstein dieser Krone heißt Rubin des Schwarzen Prinzen.

Fossile Brennstoffe

Kohle, Öl und Gas liefern den Hauptanteil an Energie für unsere Haushalte. Man bezeichnet sie als fossile Brennstoffe, denn sie stammen aus den Überresten urzeitlicher Pflanzen und Tiere.

Kohleklumpen

Kohlebergbau

Kohle findet sich meist tief unter der Erdoberfläche in sogenannten Flözen. Man gräbt einen tiefen Schacht bis zur kohleführenden Schicht. Die Kohle wird in Kraftwerken verbrannt, um elektrischen Strom zu erzeugen.

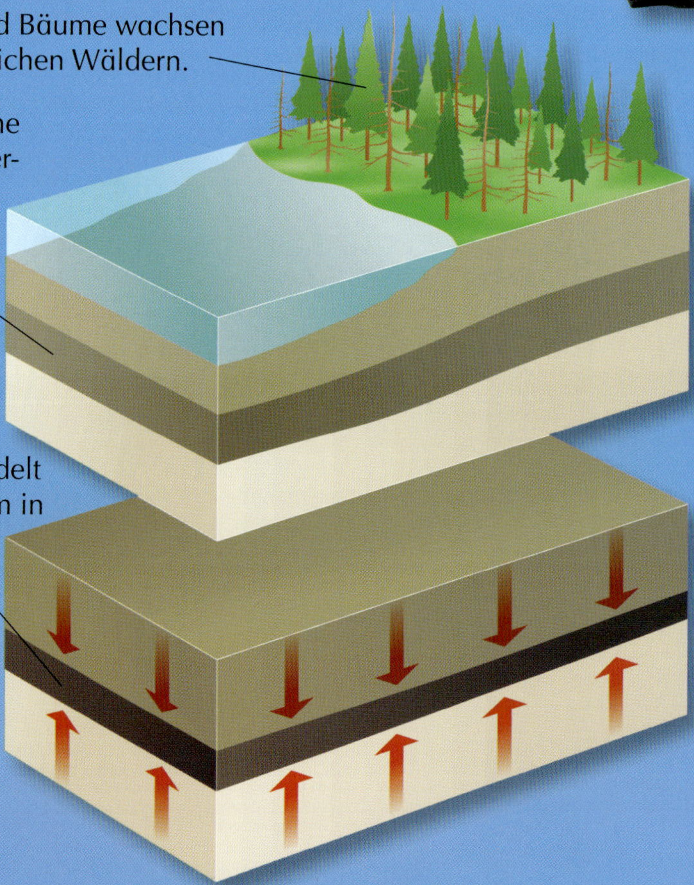

Wie Kohle entstand

Kohle bildete sich, als in sumpfigen Wäldern urzeitliche Pflanzen abstarben und im Sumpf versanken. Als sich Erde und Gestein darüber auftürmten, wurde daraus unter Druck Torf. Dieser versteinerte allmählich zu Kohle.

Erdöl und Erdgas

Erdöl und Erdgas entstanden aus den Überresten winziger Meereslebewesen, die am Meeresboden verschüttet und zusammengepresst wurden. Diese Brennstoffe werden durch tiefe Bohrungen gefördert. Aus Erdöl wird Benzin für Autos hergestellt. Erdgas nutzt man zum Kochen und Heizen.

Autos brauchen Benzin als Treibstoff für ihre Motoren.

SCHON GEWUSST?

Beim Verbrennen von fossilen Brennstoffen in Autos, Fabriken und Kraftwerken entstehen schmutzige Abgase. Die Luftverschmutzung durch Abgase führt zur Erwärmung des Klimas. Mehr dazu auf S. 212–213.

Erdölprodukte

Erdöl ist ein vielfältiger Rohstoff. Aus Abfallprodukten beim Raffinieren produziert man Kunststoffe. Auch Lacke, Lippenstifte und Kerzen sind Erdölprodukte.

Alle diese Kunststoffprodukte wurden aus Erdöl gemacht.

Erdboden

Der Erdboden scheint nichts Besonderes zu sein, doch er ist vielleicht wertvoller als Gold, Öl oder Diamanten. Pflanzen brauchen Boden zum Wachsen, und Tiere brauchen Pflanzen als Nahrung.

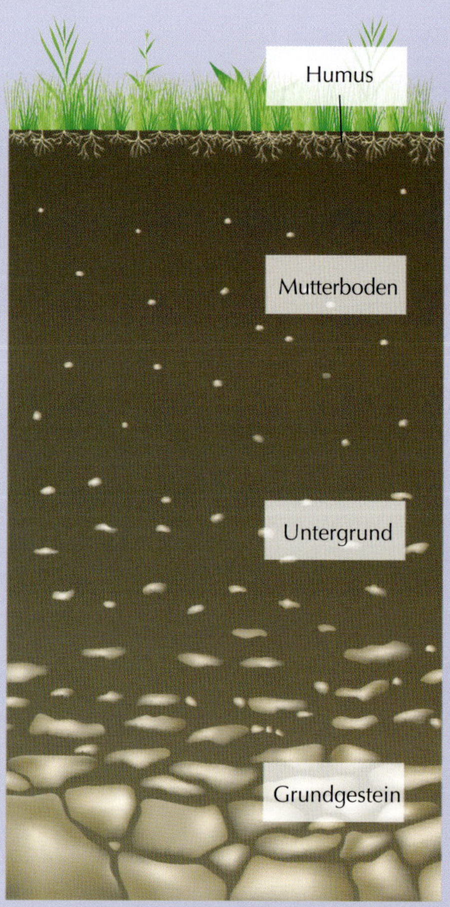

Bodenschichten

Ganz oben findet man eine dünne Humusschicht aus verrottenden Pflanzen. Der wertvolle Mutterboden ist reich an organischen Nährstoffen. Der Untergrund ist mit Steinen durchsetzt. Ganz unten folgt das solide Grundgestein.

Wie bildet sich Boden?

Boden besteht aus winzigen Felsteilchen sowie pflanzlichen und tierischen Überresten. Sobald Eis, Wasser und Wind Gesteine zerkleinern, bildet sich Boden. Verwesende Pflanzen und Tiere reichern den Boden an.

Baumwurzeln

Bäume treiben ihre Wurzeln tief in den Boden, um dort Wasser und Mineralien aufzusaugen. Gleichzeitig verankern die Wurzeln den Baum im Boden. Sie brechen dabei das Gestein auf und bilden neuen Boden.

Unterschiedliche Böden

Es gibt viele Bodentypen. Sandige und kalkhaltige Böden sind trocken und pulverig, Lehmböden klebrig und klumpig. Pflanzen bevorzugen jeweils bestimmte Bodenarten.

SCHON GEWUSST?

Es dauert viele Jahrhunderte, bis sich eine dünne Bodenschicht gebildet hat. Die Dicke der Bodenschicht ist unterschiedlich stark: Sie reicht von wenigen Zentimetern bis zu mehreren Metern.

Leben im Boden

Im Erdboden tummeln sich unzählige Lebewesen – von winzigen Insekten und Spinnen über Regenwürmer bis hin zu Maulwürfen und Kaninchen. Auf dem Boden wachsen viele unserer Nahrungsmittel.

Grabarbeiten

Regenwürmer und Maulwürfe graben sich durch den Boden. Durch ihre Gänge gelangen Luft und Wasser in die Erde und machen den Boden fruchtbarer. Würmer und Maulwürfe verbringen ihr Leben im Untergrund.

Fressen und gefressen werden

Die Lebewesen im Boden brauchen einander als Nahrung. Regenwürmer fressen verrottende Blätter, Maulwürfe fressen Regenwürmer. Wenn Tiere sterben, reichern ihre Überreste den Boden an und liefern Nährstoffe für Pflanzen.

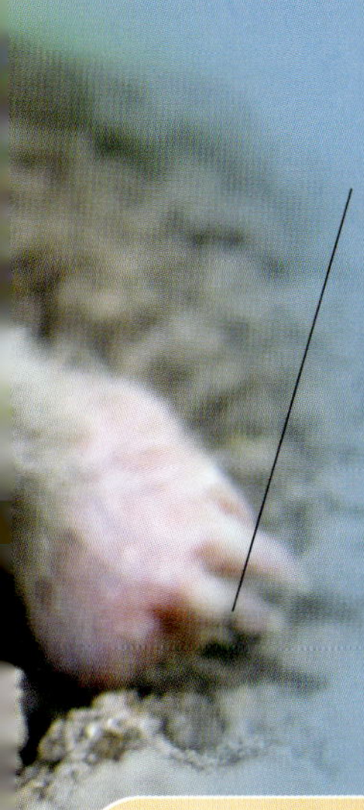

Maulwürfe schaufeln mit ihren kräftigen Vorderbeinen die Erde weg.

Diese Ochsen ziehen einen Pflug in Indien.

SCHON GEWUSST?

Wissenschaftler sagen, dass jeder Kubikmeter Boden mindestens eine Milliarde Lebewesen enthält. Die meisten kann man nur mit dem Mikroskop entdecken.

Den Boden pflügen

Für den Anbau von Feldfrüchten wird der Boden gepflügt. Er wird dabei umgeschichtet, damit Luft und Wasser besser eindringen können. Oft zieht ein Traktor den Pflug, manchmal auch Zugtiere wie Pferde oder Ochsen.

Dieser Mähdrescher füllt das reife Korn direkt in einen Anhänger.

Erntezeit

Wenn das Getreide ausgewachsen und reif ist, kann es geerntet werden. Manche Bauern mähen das Korn von Hand, andere benutzen Mähdrescher zum Abschneiden und Einsammeln der Ernte.

Die unruhige Erde

Vulkanausbrüche und Erdbeben gehören zu den unheimlichsten Naturerscheinungen. Glühendes, geschmolzenes Gestein ergießt sich aus einem Vulkan. Asche, Steine und Gas schießen in den Himmel. Bei einem Erdbeben zittert die Erde, Häuser und Brücken stürzen ein. In Erdbeben und Vulkanausbrüchen zeigen sich die gewaltigen Kräfte im Erdinnern. Wann, wo und warum bebt die Erde und brechen Vulkane aus?

Erdkruste

Die harte Außenkruste der Erde schwimmt auf rot glühendem Gestein. Diese Kruste ist keine geschlossene Schicht, sondern besteht aus riesigen Gesteinsplatten.

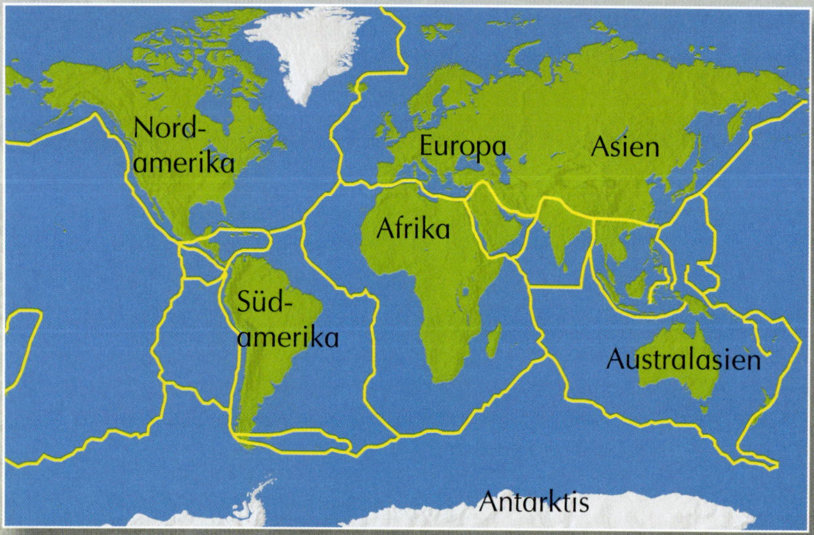

Die gelben Linien markieren die Ränder der Erdplatten.

Plattentektonik

Die Platten fügen sich passgenau wie ein riesiges Puzzle zusammen. Strömungen im flüssigen Gestein bewirken eine langsame Driftbewegung der Platten. Diese Plattentektonik löst Erdbeben und Vulkanausbrüche aus.

Verwerfungen

Bei ihrer langsamen Drift an der Erdoberfläche reiben die Platten aneinander und stoßen zusammen. An Stellen, wo zwei Platten aufeinandertreffen, bilden sich häufig sogenannte Verwerfungen.

Eine Verwerfung in Island, wo sich zwei Platten berühren

Vulkane

An der Nahtstelle zweier Platten ist die Erdkruste dünn und instabil. Aus der Tiefe aufsteigendes, glühendes Gestein durchbricht die Kruste und quillt an die Oberfläche. Diese Stellen nennt man Vulkane (siehe S. 64–75).

Erdbeben

Manchmal verschieben sich zwei ineinander verhakte Platten mit einem plötzlichen, heftigen Ruck. Ein solches Erdbeben (siehe S. 76–85) kann enorme Schäden anrichten.

SCHON GEWUSST?

Die Erdplatten bewegen sich extrem langsam, nur rund 2,5 cm pro Jahr. In derselben Zeit wachsen unsere Fingernägel im Durchschnitt 5 cm.

Ein Erdbeben brachte dieses Gebäude in Japan zum Einsturz.

Vulkanausbrüche

Wenn Lava, geschmolzenes Gestein, aus einem Vulkan austritt, spricht man von einer Eruption. Die glühenden Lavaströme kühlen zu festem Gestein ab. Langsam bildet sich schichtweise ein Berg.

Im Innern eines Vulkans

Das rot glühende Gestein im Erdinnern heißt Magma. Es sammelt sich unterhalb des Vulkans in einer Magmakammer. Der Druck steigt stetig an, bis glühende Lava, Asche, Gas und Dampf aus der Spitze des Vulkans herausschießen.

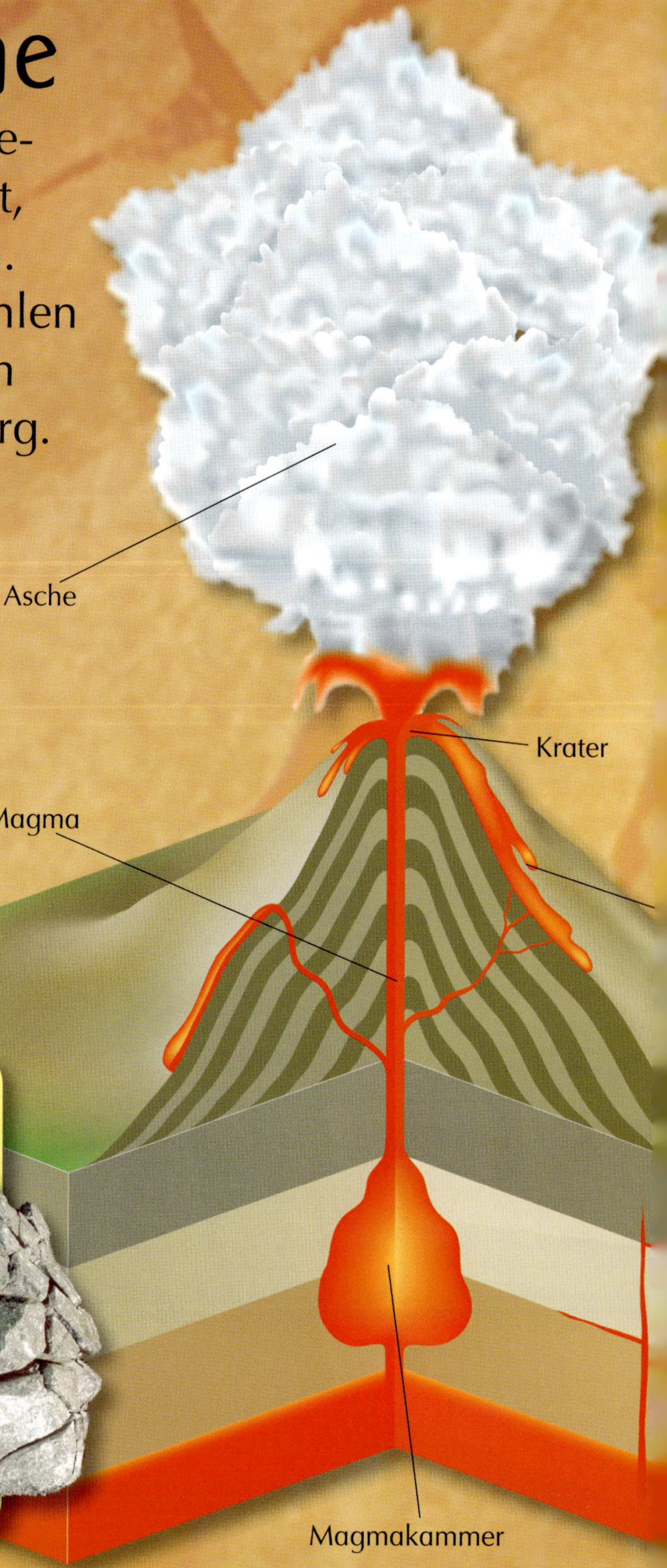

Fliegende Steine

Einige Vulkane schleudern glühende Gesteinsbrocken aus ihrem Krater. Diese fliegen durch die Luft und schlagen dann auf den Boden auf. Man nennt sie auch vulkanische Bomben.

SCHON GEWUSST?

1815 schleuderte der Vulkan Tambora in Südostasien viele Millionen Tonnen Asche in die Luft. Der Wind verteilte die Aschewolke über die gesamte Welt. Dies war die stärkste Eruption, seit es Aufzeichnungen gibt.

Lava schießt aus dem Krater eines Vulkans auf Hawaii.

Tiefe Krater

Die Öffnung an der Spitze eines Vulkans heißt Krater. Nach einem Ausbruch verschließen Asche und Lava die Öffnung wieder. Dieser Pfropfen wird beim nächsten Ausbruch mit großer Wucht herausgeschleudert.

Glühende Wolken

Bei manchen Eruptionen quellen Wolken brennender Asche aus einem Vulkan. Diese Wolken gleiten viel schneller den Berg hinab als Lavaströme und verbrennen alles auf ihrem Weg.

Der Mayon auf den Philippinen stößt eine gewaltige Aschewolke aus.

Vulkantypen

Die Form eines Vulkans hängt von der ausgestoßenen Lavaart ab. Die beiden wichtigsten Typen sind die konischen Schichtvulkane und die flacheren Schildvulkane.

Vulkane unter Wasser

Auch am Meeresboden gibt es Vulkane. Die Lava kühlt beim Kontakt mit dem Wasser schnell ab. Die dabei gebildeten Gesteinsbrocken heißen Kissenlava.

Schichtvulkane

Einige Vulkane explodieren heftig und schleudern zähklebrige Lava heraus. Diese Lavaart fließt nicht weit, bevor sie abkühlt und fest wird. Verschiedene Schichten aus Lava und Asche schaffen einen kegelförmigen Berg.

Ein konischer Schichtvulkan auf den Philippinen

Ein flacher Schildvulkan auf Hawaii

Schildvulkane

Manche Vulkane stoßen dünnflüssige Lava aus, die sich vor dem Abkühlen und Festwerden weit ausbreitet. So bildet sich ein flacher, abgerundeter Schildvulkan.

Schneebedeckter Gipfel eines schlafenden Vulkans in Afrika

Schlafende Vulkane

Nicht alle Vulkane sind ständig aktiv. Einen Vulkan, der lange nicht ausgebrochen ist, es aber jeder Zeit tun könnte, bezeichnet man als schlafenden Vulkan. Erloschene Vulkane haben jegliche Aktivität eingestellt.

SCHON GEWUSST?

Vulkane mit kurz zurückliegenden oder aktuellen Eruptionen nennt man aktive Vulkane. Auf der Erde gibt es über 1000 aktive Vulkane, pro Jahr sind aber nur 20 bis 30 Ausbrüche zu verzeichnen.

Mount St. Helens

Im Mai des Jahres 1980 brach plötzlich der Vulkan Mount St. Helens im US-Bundesstaat Washington aus. Eine gewaltige Explosion sprengte den gesamten Gipfel weg.

Vor der Eruption

Vor seinem Ausbruch 1980 war der Mount St. Helens 123 Jahre lang inaktiv. Der Berg erschien äußerlich friedlich, doch im Innern stieg der Druck langsam an.

Bumm!

Beim Ausbruch des Mount St. Helens wurden mit einem gewaltigen Knall Asche, Gas und Dampf herausgeschleudert. Die Explosion war noch mehrere Hundert Kilometer entfernt zu hören. Das Land wurde mit einer dicken Ascheschicht überzogen.

Zerstörte Wälder

Vor der Eruption bedeckten Wälder mit großen Bäumen die Flanken des Mount St. Helens. Die Druckwelle knickte die Bäume wie Streichhölzer.

Fakten: Eruption

- Die Aschewolke aus dem Mount St. Helens reichte 20 km in die Höhe. Die Asche verdunkelte den Himmel und regnete auf ein großes Gebiet herab. Orte in bis zu 300 km Entfernung wurden mit Asche bedeckt.
- Die gewaltige Eruption des Mount St. Helens dauerte vier Tage. In den Monaten danach kam es noch zu kleineren Ausbrüchen.

Neues Leben

Nach dem Ausbruch wirkte der Mount St. Helens leblos. Eine dicke Ascheschicht bedeckte den Boden und verstopfte Flüsse und Seen. Aber bereits wenige Monate später keimten schon wieder Pflanzen, und Tiere kehrten in das Gebiet zurück.

Berühmte Vulkane

Schwere Vulkanausbrüche richten großen Schaden an. Vermischt sich die Vulkanasche mit Wasser oder Schnee, bildet sich eine Schlammlawine.

SCHON GEWUSST?

Man vermutet, dass beim Ausbruch des Vesuv in Pompeji mehr als 2000 Menschen starben. Die Menschen fühlten sich sicher, denn der Vulkan war lange Zeit nicht aktiv gewesen.

Gipsmodell eines Hundes, das durch Ausgießen des Hohlraums in der Asche gewonnen wurde

Der Vesuv

Vor rund 2000 Jahren brach der Vulkan Vesuv bei Neapel in Süditalien aus. Die römische Stadt Pompeji wurde unter einer dicken Ascheschicht begraben und erst viele Hundert Jahre später wiederentdeckt.

Unter Asche begraben

In Pompeji starben viele Menschen unter dem Ascheregen. Die verwesten Körper hinterließen Hohlräume in der hart gewordenen Asche.

Tödliche Asche

Nach der Eruption des Pinatubo auf den Philippinen 1991 war die Gegend mit Asche bedeckt. Starker Regen verwandelte die Asche in Schlamm, der die Insel überflutete. Mehrere Dörfer wurden darunter begraben.

Schlammflut

1985 brach in Südamerika der Vulkan Nevado del Ruiz in den Anden aus. Glühende Lava und Asche brachten den Schnee zum Schmelzen. Eine Schlammwelle raste den Berg hinab und begrub die Stadt Armero und das Tal unter sich.

Vulkanische Wunder

Die Hitze der Vulkane schafft erstaunliche Vulkanlandschaften mit heißen Quellen und Schlammtümpeln. Der vulkanische Boden ist fruchtbar und eignet sich gut für die Landwirtschaft.

Heiße Quellen

Das Wasser der heißen Quellen wird durch heißes Gestein im Untergrund aufgeheizt. Menschen baden gerne in dem warmen Wasser. In Japan nutzen auch Affen diese Quellen zum Aufwärmen im Winter.

Affen bei den heißen Quellen in Nagano, Japan

Nützliche Vulkane

Aus Vulkangestein und Asche bildet sich durch Verwitterung ein fruchtbarer Boden. Diese Felder liegen unterhalb eines Vulkans auf den Philippinen. Neben Kokospalmen wächst dort auch Reis.

SCHON GEWUSST? Im Yellowstone National Park schießt aus einem Geysir pünktlich alle 72 Minuten eine Wasserfontäne bis zu 40 m in den Himmel. Der Geysir heißt Old Faithful.

Blubbernder Schlamm

In einigen Vulkangebieten vermischt sich Wasser mit heißer Asche in Tümpeln zu blubberndem, mineralstoffreichem Schlamm, der gut für die Haut sein soll.

Der Wasserdampf dieses Geysirs schießt hoch in die Luft.

Heiße Fontänen

In den Untergrund sickerndes Wasser wird manchmal von heißem Gestein erhitzt. Ist der Siedepunkt erreicht, schießt das Wasser als Dampfstrahl nach oben. Diese Fontäne nennt man einen Geysir.

Dieser Forscher trägt einen feuerfesten Schutzanzug.

Vulkanexperten

Forscher, die sich mit Vulkanen beschäftigen, nennt man Vulkanologen. Hier nimmt ein Vulkanologe auf Hawaii eine frische Lavaprobe für Untersuchungen im Labor.

Vulkane erforschen

Ein Vulkanausbruch lässt sich nicht verhindern. Allerdings können Fachleute oft einen bevorstehenden Ausbruch erkennen und die Anwohner warnen.

Gasproben

Diese Wissenschaftler sammeln an einem Vulkan Gasproben. Tritt mehr Gas als üblich aus, könnte das auf eine baldige Eruption hinweisen. Zu diesen Gasen gehört auch Schwefelwasserstoff, der nach faulen Eiern riecht.

Nichts wie weg!

Wenn ein Vulkanausbruch droht, müssen die Bewohner das Gebiet verlassen und evakuiert werden. Hier sehen wir Bewohner der Karibikinsel Montserrat, die vor einem Vulkanausbruch fliehen.

Unter Beobachtung

Eine Eruption kündigt sich oft durch einen verstärkten Ausstoß von Gas und Dampf an. Der Vulkan kann sich durch den Druck des aufsteigenden Magmas „aufblähen". Der Wissenschaftler auf dem Foto unten vermisst 2004 die Form des Mount St. Helens, um seinen Zustand zu überprüfen.

SCHON GEWUSST?

Manche Vulkane brechen ohne irgendwelche Warnsignale aus. 1973 begann ein isländischer Vulkan plötzlich, glühende Lava zu spucken. Alle hatten geglaubt, dieser Vulkan sei erloschen.

Dieser riesige Krater entstand durch die Eruption im Jahr 1980.

Erdbeben

Die Platten der Erdkruste verschieben sich langsam, aber permanent. Das setzt das Gestein im Untergrund unter starke Spannung. Bewegt sich das Gestein plötzlich und heftiger, kommt es zu einem Erdbeben.

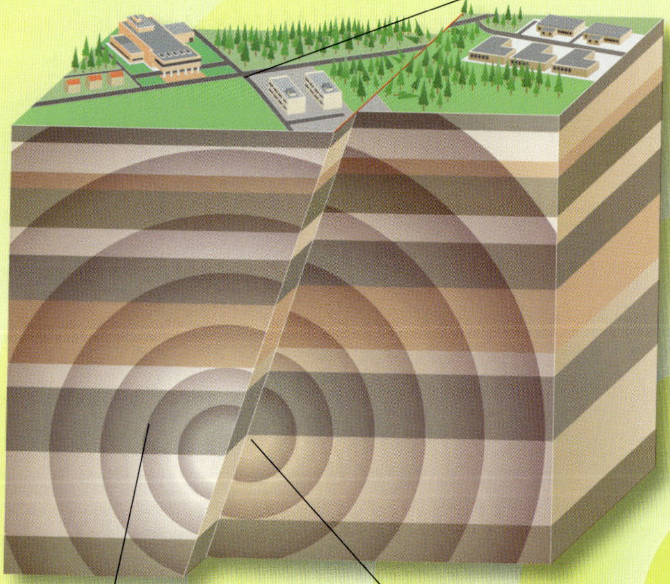

Erdbebenwellen

Erdbeben werden meist tief im Untergrund ausgelöst. Vom Erdbebenherd, wo sich die Gesteinsmassen aneinanderreiben, breiten sich die Erdbebenwellen in alle Richtungen aus.

Eingestürzte Häuser

Starke Erdbeben bringen den Boden zum Zittern. Gebäude können aus ihrem Fundament gerissen werden. Fenster zersplittern, und Stahlträger werden verbogen. Häuser schwanken und stürzen ein.

SCHON GEWUSST? Pro Jahr kommt es zu Tausenden, meist schwacher Erdbeben. Kleinere Beben lassen Lampen und Bilder wackeln. Die stärksten Erdbeben können ganze Städte zerstören.

Risse im Untergrund

Durch die heftigen Schwankungen bei einem Erdbeben können sich tiefe Risse im Untergrund bilden und Straßen und Wege durchziehen. Manche sind so groß, dass Autos darin verschwinden.

Diese Spalte in einer Straße tat sich 1989 in Kalifornien nach einem Beben auf.

Zerstörte Brücke

Starke Erdbeben können Straßen und Brücken beschädigen. Diese Hochstraße in Japan stürzte 1995 bei einem Beben ein. Oft erschweren zerstörte Verkehrswege das Vordringen der Hilfsmannschaften in eine Erdbebenregion.

Folgen von Erdbeben

Ein Erdbeben dauert nur wenige Sekunden, kann aber verheerenden Schaden anrichten. Erdbeben lösen Brände und Erdrutsche aus und verwandeln festen Boden in Schlamm.

Feuer

Wenn Gas- und Stromleitungen bei einem Beben beschädigt werden, brechen Brände aus. Nach einem Erdbeben wüteten 1989 in San Francisco heftige Feuer. Weil auch die Wasserleitungen beschädigt wurden, hatte die Feuerwehr Probleme, die Flammen zu löschen.

Dammbruch

Starke Erdbeben können Flussdämme zerstören. Dann wälzt sich eine Wasserwand durch den geborstenen Damm flussabwärts und reißt Städte und Dörfer mit sich. Dieser Damm in Taiwan wurde 1989 durch ein Beben zerstört.

Erdrutsch

Wenn der Boden bebt, können sich lockere Erd- und Felsmassen in einem Erdrutsch lösen. Zu einem solchen Erdrutsch kam es 2001 in Mittelamerika nach einem Beben.

SCHON GEWUSST?

Durch ein Erdbeben lösten sich 1970 auf einem Gipfel der Anden enorme Gletschereismassen. Eine Lawine aus Schlamm, Felsen und Eis donnerte ins Tal und zerstörte die Stadt Yungay.

Unsicherer Untergrund

Durch heftige Beben können sich Lehm- oder Sandböden in Schlamm verwandeln. Gebäude versinken darin oder kippen um. Diese Häuser stürzten 1964 nach einem Erdbeben in Niigata in Japan um.

Tsunamis

Erbeben ereignen sich an Land und unter dem Meer. Erschüttert ein Seebeben den Meeresgrund, kann es riesige Wellen auslösen. Diese Tsunamis genannten Wellen rasen über den Ozean und richten beim Auftreffen an der Küste schlimme Zerstörungen an.

Tsunami 2004

Im Dezember 2004 erschütterte ein heftiges Seebeben in Südostasien den Meeresboden vor Indonesien. Mächtige Wellen breiteten sich aus und verwüsteten nach einem Weg von 5000 km Siedlungen an den Küsten Indiens und sogar Afrikas.

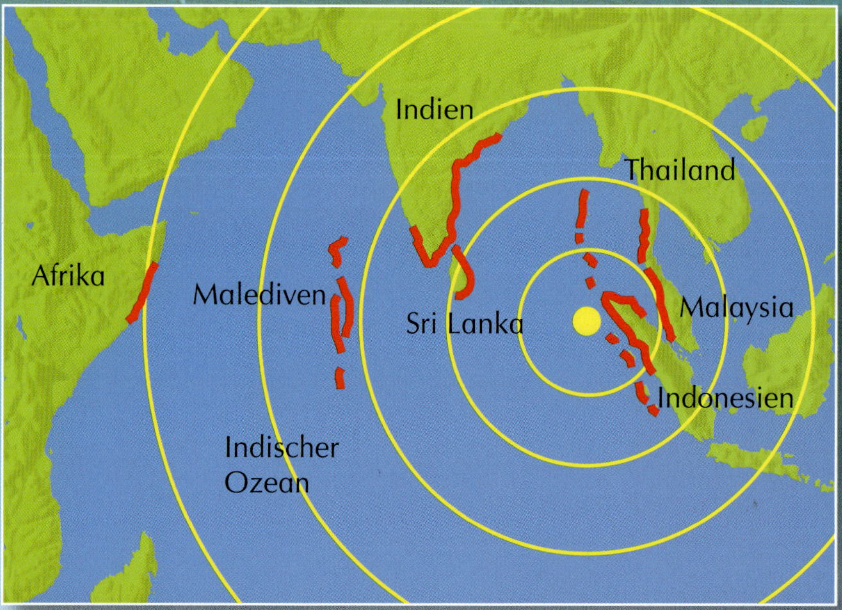

Zeichenerklärung

- Vom Tsunami betroffene Gebiete
- Epizentrum
- Ausdehnung der Wellen

Alle Gebäude dieses indonesischen Dorfs wurden durch den Tsunami 2004 zerstört.

Krakatau

Auch Vulkanausbrüche können Tsunamis verursachen. 1883 explodierte ein Vulkan auf der indonesischen Insel Krakatau. Die dadurch ausgelösten Tsunamis breiteten sich weit aus, die Wellen überrollten viele Küstenorte und töteten 36 000 Menschen.

SCHON GEWUSST?

Als Krakatau explodierte, war der Knall noch 5000 km entfernt zu hören. Die Explosion zerstörte fast die gesamte Insel. Lavaströme formten aber eine neue Insel, die man *Anak Krakatoa* taufte – Kind des Krakatau.

Riesige Wellen

Auf offener See sind die Tsunami-Wellen flach und kaum zu erkennen. Im flachen Wasser türmen sie sich dann auf. Die riesigen, auf die Küste zurasenden Wellen sind ein Angst einflößender Anblick.

Zerstörte Küste

Am heftigsten wütete der Tsunami 2004 an der indonesischen Küste. Ganze Ortschaften wurden von den Wellen niedergewalzt. Boote wurden an Land und weit ins Landesinnere geschwemmt.

Tödliche Erdbeben

Erdbeben haben in vielen Teilen der Erde ihre unglaublich große Zerstörungskraft gezeigt. Städte trifft es oft besonders schwer, weil dort viele Menschen durch einstürzende Gebäude getötet werden.

SCHON GEWUSST?

San Francisco liegt an einer Verwerfung, wo zwei Platten aneinanderreiben. Diese Verwerfung verläuft über rund 1200 km entlang der amerikanischen Westküste. San Francisco ist häufig von Beben betroffen: 1906, 1989 und 1994.

Lissabon 1755

1755 kam es auf See vor der portugiesischen Stadt Lissabon zu einem Erdbeben. Riesige Wellen zerstörten den Hafen. Durch die Erschütterung fielen in Kirchen und Häusern brennende Kerzen um und lösten zahlreiche Brände aus.

San Francisco 1906

Ein starkes Beben verwüstete 1906 die kalifornische Stadt San Francisco. Die ausgebrochenen Brände wüteten mehrere Tage, weil der Feuerwehr das Wasser ausging.

Armenien 1988

1988 wurde Armenien in Westasien von einem schweren Beben heimgesucht. Die Stadt Spitak wurde zerstört. Rund 50 000 Menschen starben, und viele mehr wurden obdachlos.

Überlebende in den Ruinen von Spitak

Kaschmir 2005

2005 erschütterte ein heftiges Erdbeben die Region Kaschmir im Himalaja. Erdrutsche beschädigten Straßen und Brücken, was die Rettung der Überlebenden erschwerte.

Helikopter mussten die Menschen ins Krankenhaus transportieren.

Erdbebenforschung

Wissenschaftler messen mit Apparaten die Bewegungen der Erdkruste und warnen die Menschen vor drohenden Erdbeben. Es ist jedoch sehr schwierig, Zeitpunkt und Ort eines Bebens genau vorherzusagen.

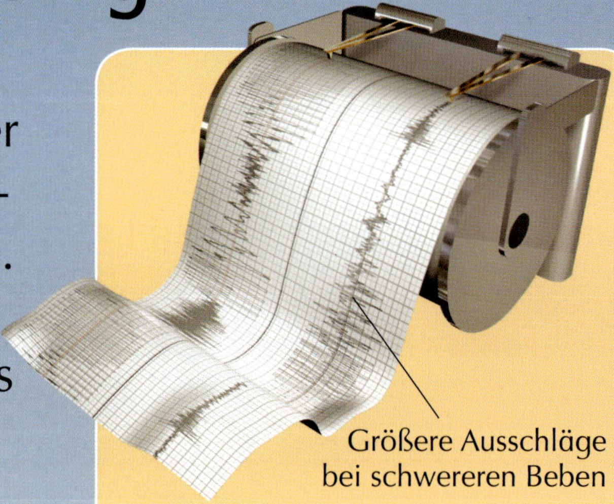

Größere Ausschläge bei schwereren Beben

Erdbeben messen

Ein Seismograf misst die Erdbebenwellen. Seine mit Gewichten verbundenen Stifte hängen über einer Papierrolle. Bei einem Beben schlagen die Stifte aus und zeichnen eine Zackenlinie auf das Papier.

SCHON GEWUSST?

1975 beobachteten Wissenschaftler in der chinesischen Stadt Haicheng, dass sich Tiere auffällig verhielten. Sie ordneten die Evakuierung an. Wenige Stunden später kam ein Beben.

Tierwarnungen

Oft zeigen Tiere kurz vor einem Beben ein auffälliges Verhalten. Ratten flüchten, Katzen miauen, und Hunde bellen. Experten glauben, dass einige Tiere die schwachen, hochfrequenten Geräusche des bis zum Bersten gespannten Gesteins hören können.

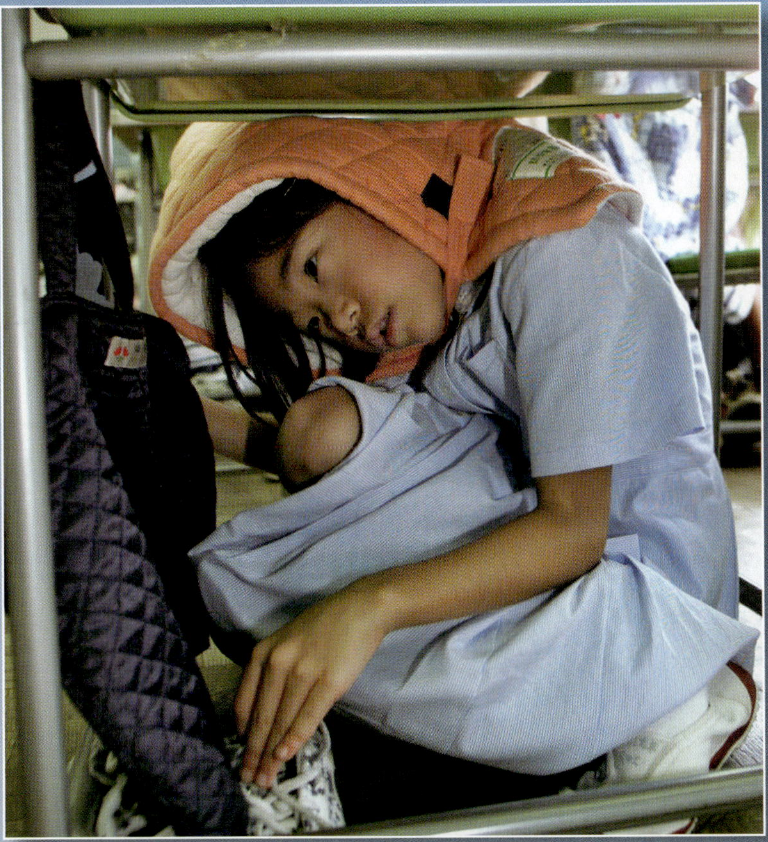

Sicherheitsübungen

Bei einem Erdbeben sollten die Menschen im Haus bleiben und sich unter einem stabilen Tisch verstecken. Dieses japanische Mädchen übt das Verhalten im Erdbebenfall. Sein Kopf ist durch eine gepolsterte Haube geschützt.

Sichere Gebäude

In durch Erdbeben gefährdeten Regionen konstruiert man spezielle, schockresistente Gebäude. Dieses Hochhaus in San Francisco ist durch starke Stahlträger besonders stabil.

Der pyramidenförmige Aufbau dieses Gebäudes sorgt für mehr Stabilität.

Gebirge und Gletscher

Gebirge sind die höchsten Regionen der Erde. Dieses Kapitel erklärt, wie die Felsengipfel entstanden und welche Tiere und Pflanzen dort leben. Weiterhin geht es um die Gefahren im Gebirge, wie man dort lebt und was man als Bergtourist unternehmen kann. Schließlich wird beschrieben, wie sich Gletscher bilden.

Mächtige Gebirge

Gebirge sind felsige Regionen, die sich hoch über ihre Umgebung erheben. Viele haben steil abfallende Hänge. Die Gipfel der höchsten Berge sind permanent mit Schnee bedeckt.

Gebirgsketten

Manche Berge stehen isoliert in der Landschaft, häufig bilden sie aber Gebirgsketten oder -gruppen. Die Anden in Südamerika sind mit rund 7200 km die längste Gebirgskette auf dem Festland.

SCHON GEWUSST?

Der K2 im Himalaja ist der zweithöchste Berg der Welt. Er ist so schwierig zu erreichen, dass ihm die Einheimischen nie einen Namen gaben. Forscher tauften ihn im 19. Jahrhundert K2.

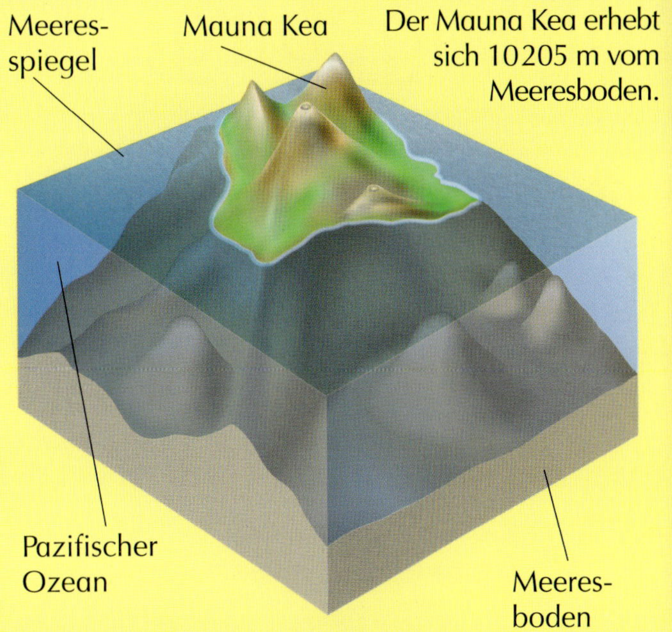

Aus dem Ozean empor

Die Höhe eines Bergs wird vom Meeresspiegel gemessen. Der Mauna Kea auf Hawaii ragt 4205 m über den Meeresspiegel, der Rest des Vulkanbergs liegt unter Wasser. Vom Meeresboden gemessen ist der Mauna Kea höher als der Mount Everest.

Der Himalaja

Im Himalaja im Süden Asiens findet man die höchsten Berge der Welt. Zu dieser Gebirgskette gehört auch der Mount Everest. Mit 8850 m ist er der höchste Berg der Erde.

Afrikas höchster Gipfel

Der Kilimandscharo ist mit 5895 m der höchste Berg Afrikas. Sein Gipfel ist permanent mit Schnee bedeckt, obwohl der Kilimandscharo in einer heißen Klimazone in Äquatornähe liegt.

Faltengebirge

Viele der höchsten Gebirge der Welt findet man dort, wo zwei Platten der Erdkruste aufeinanderstoßen. Das Gestein wird nach oben gedrückt und bildet dabei sogenannte Faltengebirge.

Die Pyrenäen sind ein junges Faltengebirge.

Wie Faltengebirge entstehen

Faltengebirge bilden sich dort, wo zwei Erdplatten zusammenstoßen. Das Gestein zwischen den Platten wird nach oben gedrückt und faltet sich zu Gebirgen auf. Typische Faltengebirge sind der Himalaja in Asien sowie die Alpen und Pyrenäen in Europa.

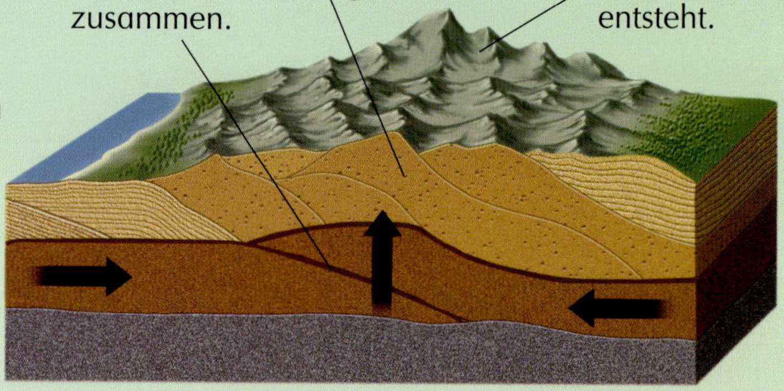

Zickzacklinien

Wenn Gesteinslagen zusammengepresst werden, können sich beim Falten solche interessanten Zickzackmuster bilden.

SCHON GEWUSST?

Die Felsmassive der Alpen und des Himalaja werden noch immer nach oben gedrückt. Diese Gebirgsketten wachsen weiter und werden in 1000 Jahren rund 1 m höher sein.

Vulkangebirge

Vulkane, eine andere Gebirgsform, entstehen durch die Eruption flüssigen Gesteins an der Erdoberfläche. Die Lagen der erkalteten Lava türmen sich zu hohen, kegelförmigen Bergen auf.

Der Cotopaxi ist ein aktiver Vulkan in Ecuador, Südamerika.

Blöcke und Kuppeln

Zwei weitere Gebirgsformen sind die steilflankigen Block- und die abgerundeten Kuppelberge. Die Ausformung von Gebirgen dauert Millionen von Jahren. Aber es gibt Altersunterschiede: Junge Gebirge sind meist viel höher als alte.

Die Teton Range in Nordamerika ist ein Blockgebirge.

Entstehung eines Blockgebirges

Diese Zeichnung zeigt, wie Gesteinsblöcke zwischen Verwerfungen zu einem Gebirge hochgedrückt werden. Beim Absinken eines Blocks zwischen Verwerfungen entsteht ein sogenannter Graben.

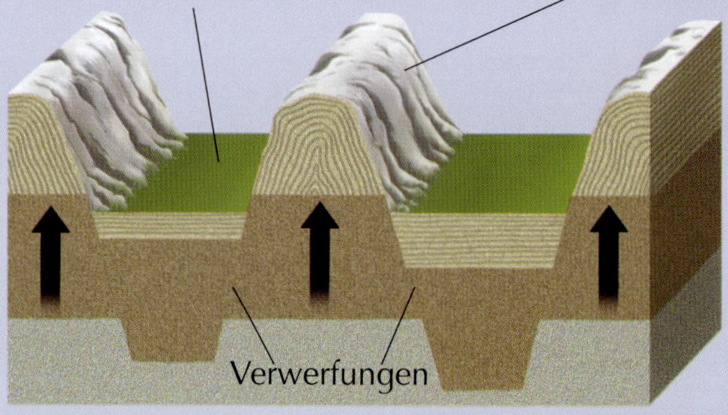

Blockgebirge

Die Bewegung der Erdplatten verursacht manchmal lange Risse, sogenannte Verwerfungen (siehe S. 62). Wird zwischen zwei Verwerfungen ein mächtiger Gesteinsriegel nach oben gedrückt, entsteht ein Blockgebirge mit steilen Kanten.

Entstehung eines Kuppelbergs

Kuppelberge bilden sich, wenn flüssiges Gestein nach oben steigt, aber vor dem Erreichen der Erdoberfläche abkühlt. Die Lagen von Sedimentgestein darüber werden aufgewölbt. Wenn die oberen Schichten verwittern, wird der kuppelförmige Vulkanfels sichtbar.

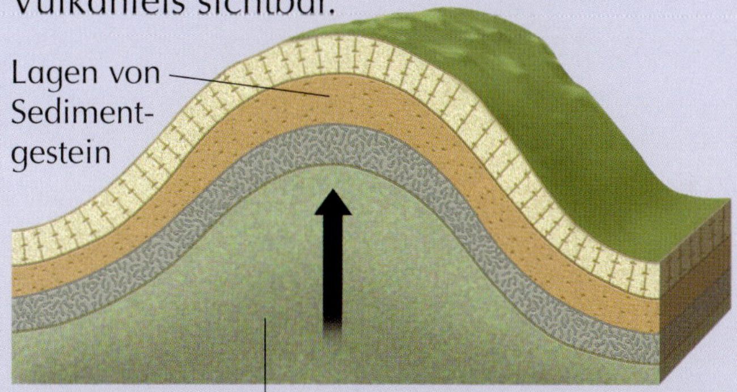

SCHON GEWUSST?

Der Ben Nevis ist mit 1343 m der höchste Berg Großbritanniens und gehört zu den schottischen Grampian Mountains. Der Gebirgszug war einmal so hoch wie der Himalaja, verwitterte aber im Lauf von Millionen von Jahren.

Rund geschliffen

Wettereinflüsse lassen Gebirge allmählich verwittern. In Millionen von Jahren werden auf diese Weise hohe, schroffe Berge niedriger und runder. Der Ben Nevis (links) in Schottland ist ein sehr alter Kuppelberg mit abgerundetem Gipfel.

Mount Everest

Mit 8850 m ist der Mount Everest der höchste Berg der Erde. Dieser berühmte Gipfel gehört zum Himalaja im Grenzbereich zwischen Nepal und Tibet. Die Einheimischen nennen ihn Chomolungma – Mutter der Welt.

Schnee bedeckt die kahlen Felsflanken des Mount Everest.

SCHON GEWUSST?

Der Lhotse, vierthöchster Berg der Erde, erhebt sich dicht neben dem Everest. Die beiden Berge sind durch einen verschneiten Grat verbunden.

Besteigung des Everest

Als erste Bergsteiger erreichten der Neuseeländer Edmund Hillary und der Nepalese Tenzing Norgay 1953 den Gipfel. Danach haben viele den schwierigen und gefährlichen Aufstieg zum Mount Everest gemeistert.

Fakten: Mount Everest

- Im 19. Jahrhundert ermittelten Landvermesser erstmals die Höhe des Everest. Sie benannten ihn nach Sir George Everest, einem berühmten britischen Landvermesser.
- Der Südtiroler Reinhold Messner bestieg als Erster den Everest im Alleingang und ohne Sauerstoffgerät als Atemhilfe.
- Über 2000 Menschen erreichten bisher den Gipfel des Everest.

Sherpas

Das Volk der Sherpas, das in Nepal in der Everest-Region lebt, ist an die Kälte dort gewöhnt und sehr fit. Einige arbeiten als Bergführer, andere schleppen Lasten die steilen Hänge hoch.

Sherpas transportieren schwere Lasten auf dem Rücken.

Dorf der Sherpas

Namche Bazaar ist der größte Ort in der Nähe des Everest. Hier leben Sherpas. Früher war Namche Bazaar ein kleines Nest, heute machen hier die Bergsteiger auf dem Weg zum Everest Rast.

Klippen und Felsspitzen

Regen, Wind und Eis geben den Gebirgen beeindruckende Formen: steile Klippen, wild zerklüftete Felsen und hohe Felssäulen.

Monument Valley

In diesem Tal im Westen der USA stehen viele Felsen, die oben abgeflacht sind. Diese beiden heißen Mitten Buttes (Fausthandschuhe).

Wind und Regen ließen den Fels zu einer schlanken Säule verwittern.

Murmeln des Teufels

Diese Felsen findet man in der Tanamiwüste in Australien. Dort ist es bei Tag sehr heiß, nachts aber eisig kalt. Hitze und Kälte haben den Felsen zugesetzt und ihnen diese runde Form gegeben, die an riesige Murmeln erinnert.

Uluru

Dieses gewaltige Sandsteinmassiv in der Mitte Australiens heißt Uluru. Der 348 m hohe Fels ist der Rest eines Gebirgszugs, der einst das gesamte Gebiet bedeckte.

SCHON GEWUSST?

Der Uluru, auch Ayers Rock genannt, ist ein heiliger Ort der Aborigines, der Ureinwohner Australiens.

Dartmoor Tors

Tors genannte felsige Hügel haben einen Kern aus hartem Granit. Frost und Regen setzen den Felsen zu und geben ihnen die schroffen Formen. Im südenglischen Dartmoor gibt es viele Tors.

Lebensraum Gebirge

Im Gebirge herrschen extreme Witterungsbedingungen mit langen, eisigen Wintern. Wind, Regen oder Schnee sind häufig. Gebirgspflanzen und -tiere müssen damit zurechtkommen.

Brrrrr!

Die Luft im Gebirge ist aufgrund geringerer Gaskonzentration dünner als im Flachland. Dünne Luft kann weniger Sonnenwärme speichern, deshalb wird es kälter, je höher man steigt.

Bewohner und Besucher von Bergregionen müssen wegen der Kälte warme Kleidung tragen.

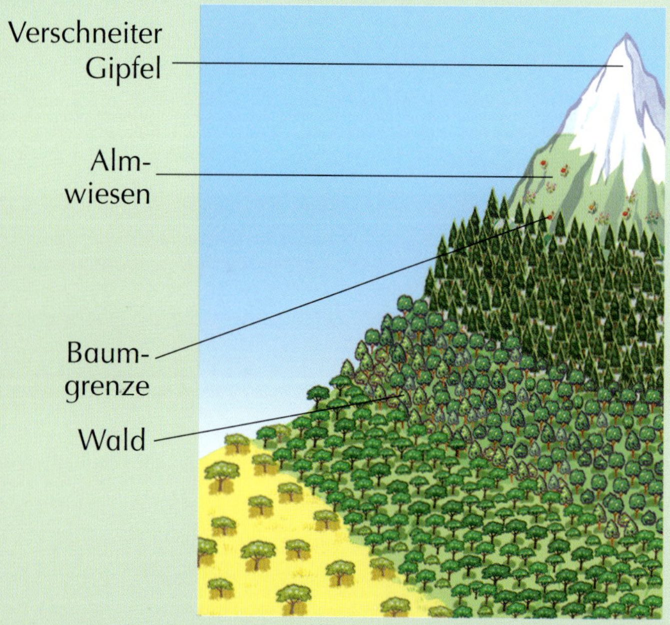

Gebirgspflanzen

In den verschiedenen Höhenlagen wachsen ganz unterschiedliche Pflanzen. Bäume wachsen nur an den unteren Hängen. Ganz oben haben Pflanzen keine Chance zu überleben, hier bedeckt Schnee den nackten Fels. Auf Almen in der Mitte gedeihen Gras und Blumen.

Oberhalb der Baumgrenze eines Gebirges wachsen keine Bäume mehr.

Gebirgstiere

Im Hochgebirge lebende Tiere haben zum Schutz vor Kälte ein dickes Fell oder sehr dichtes Gefieder. Dieses Lama lebt in den Anden. Lamas haben wegen der dünnen Bergluft besonders große Lungen.

SCHON GEWUSST?

In vielen Teilen der Welt trifft man im Hochgebirge auf Murmeltiere. Sie leben dort das ganze Jahr. Den Winter verbringen sie zurückgezogen in Höhlen im tiefen Winterschlaf.

Hoch und runter

Diese mit den Ziegen verwandten Gämsen (unten) leben in den Alpen. Im Sommer klettern sie hoch ins Gebirge, um Gras zu fressen. Im Herbst ziehen sie hinab ins Tal, um sich vor der Winterkälte zu schützen.

Gefahren im Gebirge

Im Gebirge drohen für Bewohner und Besucher auch Gefahren. Extreme Wettersituationen können Felsstürze und Schneelawinen auslösen, die ins Tal donnern.

Erdrutsch

2005 wurden Häuser an diesem Hang in Kalifornien von einem Erdrutsch mitgerissen. Durch heftigen Regen lösten sich Felspartien aus dem Hang und stürzten hinab.

SCHON GEWUSST?

Menschen, die nicht an das Leben im Hochgebirge gewöhnt sind, können höhenkrank werden. Sie bekommen Kopfschmerzen, ihnen ist schlecht und schwindlig. Da hilft nur der Abstieg.

Lawine!

Lawinen sind Schneemassen, die von einem Berg herabstürzen. Sie können durch schlecht haftenden Schnee oder starke Bewegungen ausgelöst werden. Der Schnee wird immer schneller und rast mit bis zu 300 km/h ins Tal.

Lawinenschutz

Diese Zäune sollen ein Dorf in den Alpen vor Lawinen schützen. Die Verbauungen halten den Schnee zurück. Die Lawinengefahr ist im Frühjahr am größten, wenn der Schnee zu schmelzen beginnt.

Bergrettung

Wenn ein Mensch von einer Lawine verschüttet wird, müssen die Retter sehr schnell handeln. Hunde können die Person aufspüren, die dann von den Rettern frei geschaufelt wird.

Rettungshunde benutzen ihren feinen Geruchssinn, um Verschüttete aufzuspüren.

Gebirge nutzen

Gebirge sind auf unterschiedlichste Weise nutzbar. Bauern pflanzen Getreide und züchten Vieh auf den steilen Hängen. Bergleute fördern wertvolle Mineralien aus dem Gestein. Wegen der harten Bedingungen gibt es aber nur wenige Städte.

Landwirtschaft

Bergbauern bauen Feldfrüchte wie Kartoffeln und Reis an, die an das Gebirgsklima angepasst sind. Durch niedrige Mauern schafft man an steilen Hängen flache Terrassen.

Auf diesem terrassierten Steilhang wird Reis angebaut.

Tiere

In hohen Bergregionen werden oft Tiere wie Schafe, Yaks, Ziegen und Lamas gezüchtet, die Fleisch, Milch und Wolle liefern. Diese Tiere grasen auf Hängen, die für den Ackerbau zu steil sind.

Yaks nutzt man im Himalaja zum Tragen schwerer Lasten.

Gebirgsdorf

Bergdörfer liegen meist in geschützten Tälern und nicht auf den windigen Bergrücken. Doch auch hier können die harten Bedingungen den Bergbewohnern das Leben schwer machen. Dieses nepalesische Dorf liegt im Himalaja.

SCHON GEWUSST?

El Alto in Bolivien (Südamerika) zählt mit 4100 m zu den höchstgelegenen Städten der Welt. La Paz, die Hauptstadt Boliviens, ist mit 3600 m die am höchsten gelegene Hauptstadt der Welt.

Bergbau im Gebirge

In einigen Gebirgen findet man Gold, Silber und Kupfer. Wie in dieser Silbermine graben die Bergleute tiefe Schächte, um an das wertvolle Metall zu kommen.

Urlaub in den Bergen

Viele Menschen reisen ins Gebirge, um die schöne Landschaft und die Tierwelt zu erleben. Andere lieben es, die steilen Berge zu besteigen oder auf Skiern die Hänge hinabzufahren.

Wintersport

Ski- und Snowboardfahren sind beliebte Wintersportarten. Die Menschen besuchen Skigebiete, die sichere Abfahrten und Skilifte für den Transport bieten. Um ein guter Skifahrer zu werden, braucht es einige Übung.

Wandern

Beim Wandern kann man die fantastische Gebirgslandschaft unmittelbar erleben. Wanderer haben in ihrem Rucksack ein Zelt und Proviant dabei oder übernachten in Berghütten. Diese Wanderer sind im Piringebirge in Bulgarien unterwegs.

Transport

Steile Hänge erschweren das Reisen im Gebirge. Die Straßen verlaufen in den Tälern oder überwinden in Serpentinen hohe Pässe. Seilbahnen transportieren Menschen über steile Abhänge oder von Gipfel zu Gipfel.

Seilbahn zum Zuckerhut im brasilianischen Rio de Janeiro

Wilde Tiere beobachten

Manche Besucher kommen ins Gebirge, um Tiere wie Vögel und Schmetterlinge oder Pflanzen zu beobachten. In vielen Gebirgsregionen wurden Naturparks zum Schutz seltener Pflanzen und Tiere geschaffen.

SCHON GEWUSST?

Durch einige Gebirge hat man Tunnel für Straßen und Eisenbahnen gesprengt. Der Tunnel durch den Mont Blanc, den höchsten Berg Europas, ist 11,5 km lang.

Touristen beobachten einen Berggorilla im Kongo, Afrika.

Eisige Gletscher

Gletscher findet man im Hochgebirge. Diese Ströme aus Eis bewegen sich langsam talwärts und reißen dabei Stücke aus dem Fels heraus.

Wie entstehen Gletscher?

Im Hochgebirge schmilzt der Schnee nicht, sondern baut sich zu einer dicken Schicht auf. Der Schnee ganz unten wird zu Eis zusammengepresst. Dieses schwere und schlüpfrige Eis gleitet langsam bergab.

Gletscherzunge

Am unteren Ende des Gletschers ist es etwas wärmer, dort beginnt das Eis zu schmelzen. Alle im Eis mittransportierten Felsstücke lagern sich an der Gletscherzunge ab.

Wo das Eis reißt, bilden sich tiefe Gletscherspalten.

SCHON GEWUSST?

Der Lambertgletscher in der Antarktis ist der längste Gletscher der Welt. Er fließt über 515 km von den antarktischen Bergen bis ins Meer.

Ötzi, der Eismann

1991 entdeckten zwei Bergsteiger an einem Alpengletscher eine Leiche aus der Jungsteinzeit. Der Mann starb vor rund 5000 Jahren in den Bergen. Das Eis hatte seinen Leichnam mumifiziert. Man nannte ihn Ötzi nach dem Fundort in den Ötztaler Alpen.

So könnte Ötzi zu Lebzeiten ausgesehen haben.

Zusammenfluss

Die an den Rändern eines Gletschers mittransportierten Felsbrocken bilden dunkle Streifen, die man Seitenmoränen nennt. Beim Zusammenfließen zweier kleiner Gletscher bildet sich eine Mittelmoräne wie bei diesem Schweizer Gletscher (rechts).

Der Aletschgletscher in der Schweiz ist der längste in Europa.

Von Eis geformt

Einst bedeckten Gletscher einen viel größeren Teil der Erde als heute (siehe S. 110–111). Als sie abschmolzen, hinterließen sie eine vom Eis geformte Landschaft mit Trogtälern und steilwandigen Fjorden.

SCHON GEWUSST?

Die meisten Gletscher fließen mit 1–2 m pro Tag sehr langsam. Der Jakobshaven Isbræ auf Grönland schafft über 20 m am Tag.

Glatte Seiten

Die hohe, spitze Felspyramide des Matterhorns entstand durch Eismassen, die an den Flanken des Bergs hinabflossen. Der Berg gehört zu den Walliser Alpen.

U-förmige Täler

Wenn ein Gletscher bergab fließt, wirkt er wie ein riesiger Erdschieber. Das Eis höhlt ein tiefes Trogtal mit flachem Boden aus. Das an den Gletscherrändern mittransportierte Geröll trägt zusätzlich Boden und Fels ab.

Ein Gletscher grub dieses tiefe, u-förmige Tal in Wales.

Gebirgsseen

Auch kleine, runde Gebirgsseen wurden von Gletschern gegraben. Das Eis höhlte oben im Gebirge schüsselförmige Vertiefungen aus. Als das Eis schmolz, füllten sie sich mit Wasser.

Ein Kreuzfahrtschiff besucht einen Fjord in Norwegen.

Fjorde

Fjorde sind steilwandige Täler an der Küste. Sie wurden vor Jahrtausenden von Gletschern ausgehöhlt. Später schmolz das Eis, und das angestiegene Meer flutete die Fjorde.

Eiskappen

In extrem kalten Gebieten schmilzt der Schnee nie. Der abgelagerte Schnee bildet eine dicke Schicht, eine Eiskappe. Früher waren größere Teile der Erdoberfläche mit Eis bedeckt als heute.

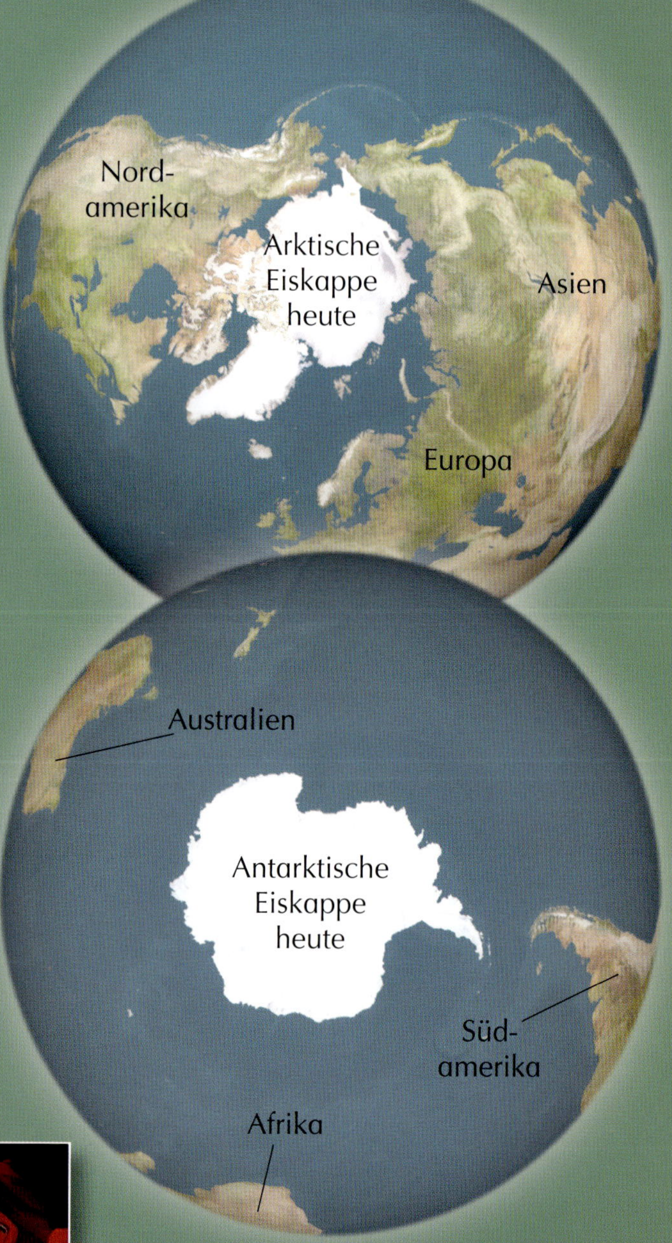

Polareis

Arktis und Antarktis (siehe S. 33) werden von dickem Eis bedeckt. Im Winter sind die Eisflächen größer, weil das Meer zufriert. Im Sommer schmilzt das Meereis, und die Fläche schrumpft wieder.

Eisproben, Kerne genannt, stammen aus tieferen Schichten.

Altes Eis

Die Eiskappe der Antarktis ist bis zu 4000 m dick. Das Eis ganz unten bildete sich aus Schnee, der vor Hunderten von Jahren fiel. Das alte Eis liefert den Wissenschaftlern Informationen über die damaligen Umweltbedingungen.

Eiszeiten

In Eiszeiten, langen Kälteperioden, bedeckte das Eis große Teile Europas und Nordamerikas. Diese Karte zeigt die vergletscherte Fläche in der letzten Eiszeit, die vor 10 000 Jahren zu Ende ging.

Die Karte auf S. 110 zeigt zum Vergleich die arktische Eiskappe heute.

SCHON GEWUSST?

Heute bedeckt Eis rund ein Zehntel der Erdoberfläche. In der letzten Eiszeit war es etwa ein Viertel unseres Planeten.

Wolliges Mammut

Während der letzten Eiszeit lebten in Asien, Europa und Nordamerika große, haarige Elefanten – die Mammuts. Im Norden Russlands fand man Mammutkadaver im vereisten Boden. Am Ende der Eiszeit starben die Mammuts aus.

Flüsse, Seen und Höhlen

Flüsse sind Gewässer, die durch das Land fließen. Kleine Bäche vereinigen sich mit größeren Flüssen und werden zu mächtigen Strömen, die ins Meer münden. Flüsse formen die Landschaft, füllen Seen und graben tiefe Höhlen und Schluchten. Sogar im Untergrund fließen Flüsse. Der Mensch nutzt Flüsse und Seen für den Transport und zur Freizeitgestaltung. Doch Gewässer sind nicht ungefährlich.

Weg eines Flusses

Der Flusslauf ist die lange Strecke, die ein Fluss von seiner Quelle hoch im Bergland bis zu seiner Mündung in einen See oder das Meer zurücklegt.

Ein Bach fließt einen Berg hinunter.

Die Quelle

Den Ort, wo ein Fluss entspringt, nennt man Quelle. Regen- oder Schmelzwasser sprudelt in einer Quelle aus dem Boden oder rinnt aus einem See oder einem Gletscher.

Flusslauf

Im Oberlauf rauscht ein Fluss von einem Berg oder Hügel abwärts und gräbt dabei tiefe Schluchten und Täler. Im Mittel- und Unterlauf schafft ein Fluss breitere Täler und Überschwemmungsgebiete, die Auen.

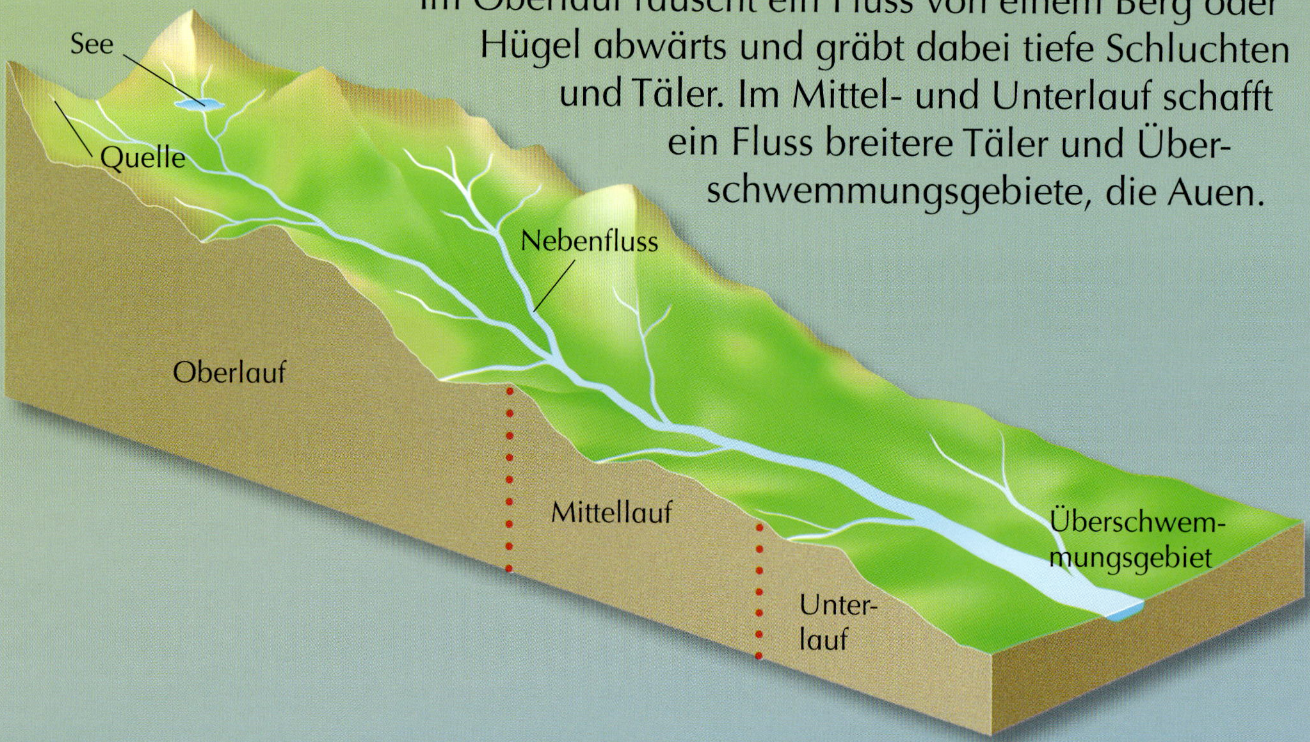

Abtragen und formen

Flüsse reißen auf ihrem Weg loses Gestein sowie Geröll mit sich und transportieren es weg. Die Steine rollen über das Flussbett und reißen weitere Steine und Erde los.

Ein Bär wandert über das von einem Bergbach abgelagerte Geröll.

SCHON GEWUSST?

Der Nil ist der längste Fluss der Erde. Er entspringt in den Bergen Ostafrikas und fließt 6695 km Richtung Norden. In einem Delta mündet der Nil dann ins Mittelmeer.

Immer größer

Kleine Rinnsale vereinigen sich zu Bächen. Bäche vereinigen sich zu Flüssen. Später münden kleine Nebenflüsse in den Hauptfluss. Dieser wird daraufhin breiter und tiefer.

Junge Flüsse

Im Oberlauf, wenn er steil bergab fließt, ist ein Fluss jung und ungestüm. Das tosende Wasser lockert Gestein und Erde, gräbt tiefe Cañons und Schluchten.

Der Grand Canyon

Cañons entstehen, wenn ein Gewässer sich in hartes Gestein frisst. Der Grand Canyon ist ein bekannter Cañon in Arizona. Der Colorado River hat ein sehr tiefes Tal in den Fels gegraben.

Tiefste Schlucht

Eine Schlucht ist ein Cañon mit steilen Wänden. Das Tal des Kali Gandaki im Himalaja ist mit 5500 m die tiefste Schlucht der Welt. Der Fluss hat das tiefe Tal zwischen zwei Berge gegraben.

Das tiefe Tal des Grand Canyon

Springende Lachse

Lachse schwimmen Gebirgsflüsse hinauf, um ihre Eier abzulegen. Sie müssen dabei gegen die Strömung ankämpfen. An Stromschnellen springen sie aus dem Wasser, um flussaufwärts zu kommen.

Diese Lachse springen über einen Wasserfall.

SCHON GEWUSST?

Der Grand Canyon ist an manchen Stellen bis zu 1600 m tief und 30 km breit.

Stromschnellen

Wenn Flüsse über Steine stürzen, bilden sich Stromschnellen. Das aufschäumende Wasser fließt dort sehr schnell. Es macht Spaß, hier mit einem Schlauchboot entlangzufahren.

Wasserfälle

Wenn ein Fluss über eine steile Klippe hinabstürzt, entsteht ein Wasserfall. In vielen Teilen der Erde findet man imposante Wasserfälle mit weiß brodelnder Gischt.

Dieses Boot bringt Touristen nahe an die Wasserfälle.

Niagarafälle

Die berühmten Niagarafälle liegen in Nordamerika an der Grenze zwischen den Vereinigten Staaten und Kanada. Die 55 m hohen Fälle haben die Form eines riesigen Hufeisens.

Wie Wasserfälle entstehen

Wasserfälle bilden sich, wenn Wasser von hartem Gestein auf weiches Gestein fließt. Das weiche Gestein wird schneller abgetragen. Wasser stürzt über die entstehende feste Felsplatte und gräbt unten ein Becken aus.

Salto Angel

Der Salto Angel in Venezuela ist der höchste Wasserfall der Erde. Das Wasser des Rio Churún stürzt hier über eine steile Klippe 978 m in die Tiefe.

SCHON GEWUSST?

Der Salto Angel ist nach dem amerikanischen Piloten Jimmy Angel benannt, der den Wasserfall 1933 aus der Luft entdeckt hat.

Iguazú-Rußsegler

Die Iguazú-Fälle in Südamerika sind mit fast 4 km Breite und 100 m Höhe beeindruckende Wasserfälle. Rußsegler, kleine Vögel, nisten an der Felswand hinter dem Wasservorhang. Die Vögel müssen durch das Wasser fliegen, um an ihre Nester zu kommen.

Im Tal

Im mittleren und unteren Abschnitt seines Laufs verlässt der Fluss das Hügelland und fließt durch ein weites, flaches Tal.

Fruchtbarer Boden

Ein Fluss transportiert Geröll und Schlamm. Nach schweren Regenfällen kann er über die Ufer treten und das Auenland mit Schlammwasser überschwemmen. Der Boden dieser Flussauen ist sehr fruchtbar.

Ein breiter Fluss mit Auenland in Colorado

Lebensraum Fluss

Unterschiedliche Pflanzen und Tiere leben in den verschiedenen Abschnitten im und am Fluss. Reiher wie dieser jagen Fische und Frösche an den Ufern sanft fließender Gewässer.

SCHON GEWUSST? Die Farbe des Flusswassers wird von dem Schlamm bestimmt, den es mitführt. Das Wasser kann rötlich, gelb, braun, schwarz, weiß und sogar grün oder blau gefärbt sein.

Schleifen und Windungen

Flüsse fließen in Windungen durch breite Täler. An der Außenkante einer Windung fließt das Wasser am schnellsten und trägt dort das Ufer ab. An der Innenseite, wo es langsamer fließt, lagert sich Schlamm ab. Mit der Zeit werden aus Windungen ausgeprägte Schleifen.

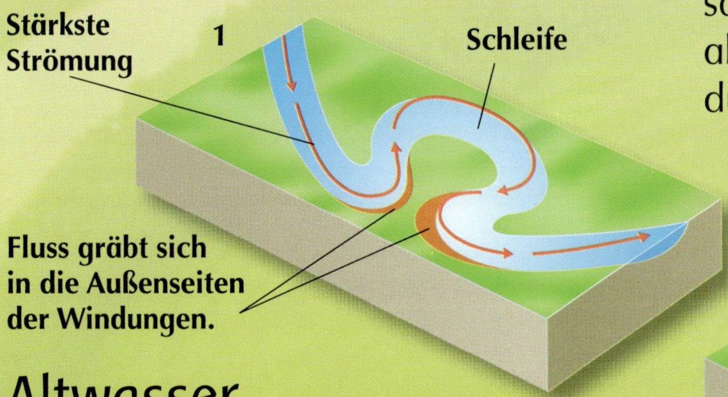

Altwasser

Mit der Zeit werden die Schleifen immer ausgeprägter, bis der Fluss die Engstelle durchbricht. Der abgeschnittene Teil wird zu einem Altwasser, einer Art See.

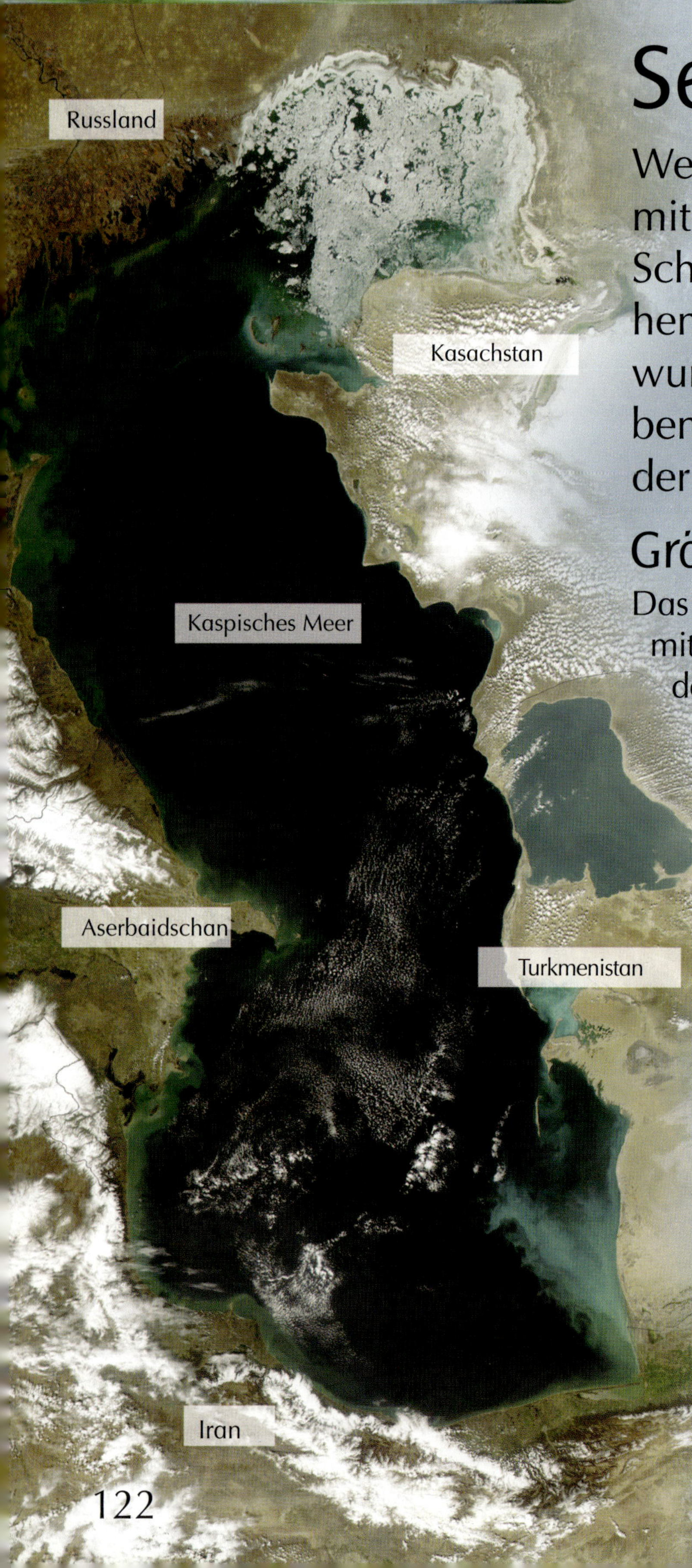

Seen

Wenn sich Bodenvertiefungen mit Wasser aus Flüssen oder Schmelzwasser füllen, entstehen Seen. Die Vertiefungen wurden von Gletschern gegraben oder durch Bewegungen der Erdkruste geschaffen.

Größter See

Das Kaspische Meer in Westasien ist mit 371 000 km^2 Fläche der größte See der Welt. Es trägt den Namen Meer zu Recht, denn es ist sehr groß, und sein Wasser ist salzhaltig.

Tiefster See

Der Baikalsee in Russland ist der tiefste See der Erde. An manchen Stellen ist er über 1700 m tief. Hier lebt die Baikalrobbe, die einzige im Süßwasser lebende Robbenart.

Höchster See

Der Titicacasee in Peru ist weltweit der höchstgelegene See, auf dem Boote fahren. Er liegt auf 3100 m Höhe in den Anden. Die Einheimischen fahren mit solchen Schilfbooten über den See.

SCHON GEWUSST? Der flächenmäßig größte Süßwassersee ist der Obere See in Nordamerika. Er erstreckt sich über 82 000 km².

Kraterseen

Manche Seen bilden sich, wenn sich ein Vulkankrater mit Wasser füllt. Der Crater Lake in Oregon (unten) ist 592 m tief und damit der tiefste See der USA.

Flamingos bei der Futtersuche in einer Flussmündung

Ankunft am Meer

Den Abschnitt, in dem der Fluss das Meer erreicht, nennt man Mündung. Hier fließt er sehr langsam und lagert den mittransportierten Sand oder Schlamm ab. Es bildet sich ein Delta oder eine Trichtermündung.

Delta

Wenn sich Schlamm oder Sand im Mündungsbereich ablagern, entsteht ein Delta. Es hat die Form eines Dreiecks oder Fächers. Der Fluss teilt sich im Delta in mehrere kleine Flussarme auf.

Das Mississippidelta hat die Form eines ausgebreiteten Fächers.

Trichtermündung

Im unteren Flusslauf, im sogenannten Ästuar, mischen sich Süß- und Salzwasser. Die in den Schlickbänken verborgenen Würmer und Schnecken dienen Vögeln als Nahrung.

Nildelta

Der Nil besitzt ein riesiges Delta. Der vom Fluss mitgetragene Schlamm schuf ein dreieckiges Gebiet mit fruchtbarem Land. Die grünen Felder sind von brauner Wüste umgeben.

SCHON GEWUSST? Das größte Delta der Welt ist das Gangesdelta in Südasien. Es bedeckt eine Fläche von rund 75 000 km² und hat eine Küstenlinie von etwa 400 km.

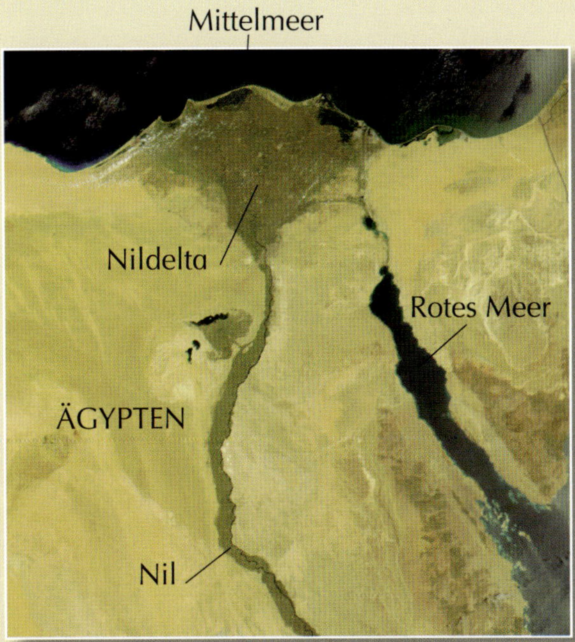

Nilkrokodil

Früher war das Nildelta das Reich des Nilkrokodils. Heute bedecken Farmen das Deltagebiet, und dieses Furcht einflößende Reptil ist dort selten geworden. Nilkrokodile findet man noch in Flüssen und Flussmündungen in anderen Teilen Afrikas.

Der mächtige Amazonas

Der Amazonas in Südamerika ist nicht so lang wie der Nil, führt aber mehr Wasser. Der Fluss entspringt hoch oben in den Anden und durchquert auf seiner Reise zum Meer den Amazonasregenwald.

Fakten: Amazonas

- Der Amazonas ist ungefähr 6450 km lang. Der Fluss und seine Nebenflüsse umfassen ein Gebiet von über 7 Millionen km² und damit mehr als ein Drittel ganz Südamerikas.
- Pro Sekunde strömen aus dem Amazonas 150 000 m³ Wasser in den Ozean. Das ist genug, um 75 Schwimmbecken in Olympiagröße zu füllen.

Einzugsgebiet

In den Amazonas fließt Wasser aus einem Gebiet, das zehnmal größer ist als Frankreich. Die von einem Fluss und seinen Nebenflüssen erschlossene Fläche nennt man Einzugsgebiet.

Amazonasdelta

Das Amazonasdelta ist unmittelbar am Ozean rund 300 km breit. Der Fluss ist so breit, dass er wie ein Meer erscheint. Dieses Bild zeigt Inseln im Amazonasdelta, durch die sich der Fluss schlängelt.

SCHON GEWUSST?

Im Amazonas lebt der Arapaima, der bis zu 3 m lang werden kann und zu den größten Süßwasserfischen der Welt gehört.

Überflutete Wälder

In der Regenzeit tritt der Amazonas über die Ufer und überflutet die umliegenden Wälder. Dieses Kanu gleitet über das vormalige Flussufer. Die Überschwemmungen dauern sechs Monate im Jahr an.

Tiere des Amazonas

Piranhas sind 15–40 cm lange Fische, die im Amazonas leben. Sie haben messerscharfe Zähne und fallen über verwundete Fische oder ins Wasser gestürzte Tiere her.

Verliert ein Piranha einen Zahn, wächst dieser sofort wieder nach.

Unterirdische Flüsse

Auch unter der Erdoberfläche fließt Wasser. Tief im Boden kann das Wasser bestimmte Gesteinsarten abtragen und tiefe, dunkle Höhlen schaffen.

Das Schluckloch Gaping Gill in England ist 111 m tief.

Wasser verschwindet

Weicher Kalkstein wird von Wasser angegriffen und aufgelöst. Mit der Zeit frisst es tiefe Löcher und versickert in diesen Schlucklöchern im Untergrund. Dort trägt das Wasser das Gestein ab und gräbt Höhlen.

Kalksteinhöhlen

Wasser kann in Kalksteingebirgen riesige Höhlen schaffen, die durch Tunnel verbunden sind. Das durch Schlucklöcher eindringende Wasser kann tiefe Becken graben. Häufig findet man in Höhlen Stalaktiten und Stalagmiten (siehe S. 130).

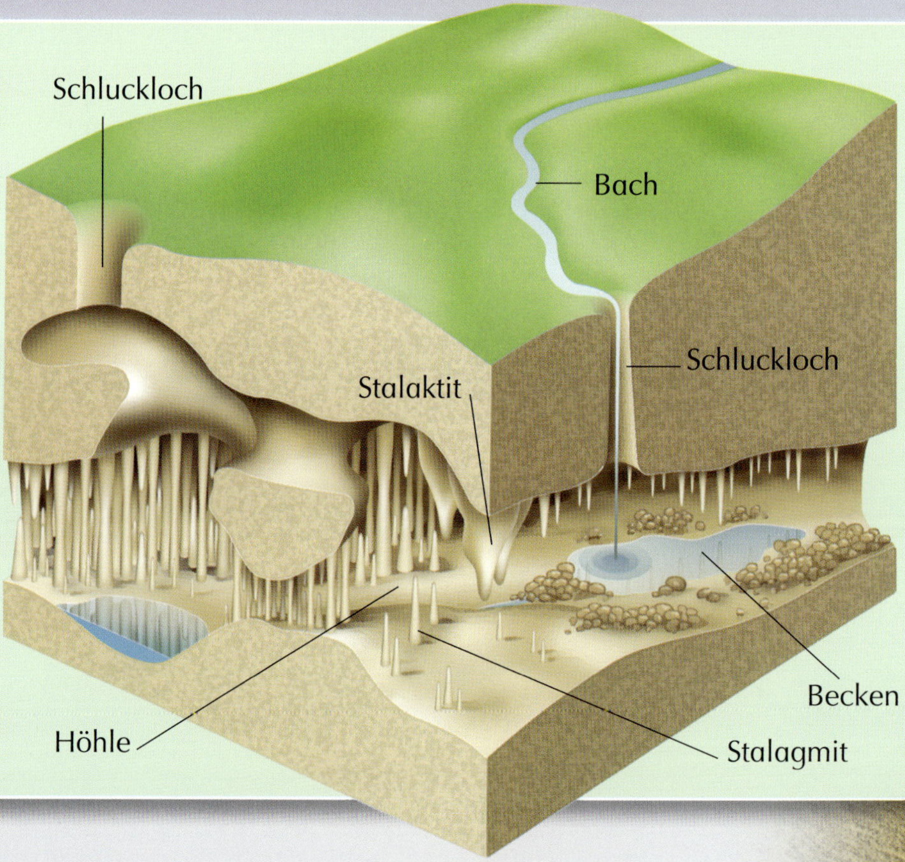

Brunnen

Wenn man tief genug gräbt, stößt man überall auf der Erde auf Wasser. Menschen graben Brunnen, um daraus mit Eimern Wasser an die Oberfläche zu befördern.

Wüstenoasen

Wasser kann nicht durch jedes Gestein sickern. Wenn es auf eine undurchlässige Gesteinsschicht trifft, fließt es seitlich ab. Manchmal gelangt das Wasser als Quelle wieder an die Oberfläche. Oasen sind Orte in der Wüste mit einer Quelle.

Ein Junge schöpft Wasser aus einem Brunnen in Afghanistan, Asien.

Eine Oase in Libyen, Afrika

Stalaktiten hängen von der Höhlendecke.

Wunderbare Höhlen

An einigen Orten gibt es unter der Erde eine verborgene Welt mit Höhlen und kilometerlangen Tunneln. Höhlenforscher erkunden diese Höhlensysteme.

Stalagmiten wachsen vom Boden nach oben.

Stalagmiten und Stalaktiten

In Höhlen findet man Tropfstein in Form von Stalagmiten und Stalaktiten. Sie bilden sich aus im Tropfwasser gelösten Kalkspat, der sich beim Verdunsten verfestigt und dabei Säulen und Zapfen formt.

Speläologen

Höhlenforscher (Speläologen) tragen wasserdichte Kleidung und einen Helm mit Stirnlampe. Dieser Speläologe untersucht einen Stalaktiten.

Fledermaushöhlen

Fledermäuse lieben dunkle Orte. Tagsüber schlafen sie in Höhlen, nachts gehen sie auf Nahrungssuche. Fledermäuse krallen sich kopfüber an den Höhlendecken fest.

Höhlenmalerei

In prähistorischer Zeit lebten Menschen in Höhlen. Sie malten Bilder von Tieren an die Höhlenwände. Diese Malereien in einer französischen Höhle sind über 15 000 Jahre alt.

SCHON GEWUSST?

Die Mammoth Cave in Kentucky zieht sich mit ihren Höhlen und Gängen über 560 km hin. Es handelt sich um das größte Höhlensystem der Erde.

Flüsse nutzen

Flüsse liefern Wasser zum Trinken und Waschen. Man nutzt Flüsse auch zur Bewässerung von Feldern, zur Stromgewinnung und zur Produktion. Überall leben Menschen in Flussnähe.

Städte an Flüssen

Viele der ältesten Städte und Siedlungen der Welt liegen an Flüssen. Dazu zählen auch Hauptstädte wie London oder Paris. Die Houses of Parliament (unten) stehen direkt am Ufer der Themse.

Wasser für die Felder

Flusswasser ist enorm wichtig für die Landwirtschaft. Diese grünen Felder werden mit Wasser aus dem Nil bewässert. Ohne den Nil wäre hier Wüste.

Energie aus Wasser

Wasserkraftwerke nutzen die Energie schnell fließenden Wassers zur Stromgewinnung. Meist kontrolliert ein Staudamm wie der Glen-Canyon-Damm in Arizona den Wasserfluss.

Industrie am Fluss

Ganz unterschiedliche Betriebe nutzen das Flusswasser zum Antrieb von Maschinen und zur Reinigung. Solche Papierfabriken verbrauchen riesige Wassermengen.

SCHON GEWUSST?

Der Glen-Canyon-Staudamm ist 216 m hoch. Der dahinter aufgestaute riesige Lake Powell versorgt die benachbarten Städte mit Wasser.

Transport und Spaß

Seit der Erfindung von Booten werden Flüsse als Verkehrs- und Transportwege genutzt. Flüsse und Seen bieten aber auch viele Freizeitmöglichkeiten.

Binnenschifffahrt

Raddampfer befördern seit Beginn des 19. Jahrhunderts Personen und Güter auf dem Mississippi. Das Schiff auf dem Bild hat Touristen an Bord, die eine Besichtigungstour machen.

Kanäle

Kanäle sind künstliche Wasserwege, die zur Verbindung von Flüssen, Seen oder Meeren gegraben werden. Der Panamakanal in Mittelamerika durchschneidet eine schmale Landbrücke und verbindet den Pazifik mit dem Atlantik.

Große Frachtschiffe im Panamakanal

Flüsse überbrücken

An manchen Stellen müssen Brücken gebaut werden, um Straßen oder Schienen über Flüsse zu führen. Diese Brücke im englischen Bristol überquert den Fluss Avon.

Wassersport

Flüsse und Seen bieten viele Sportmöglichkeiten: Paddeln, Segeln, Angeln und Windsurfen. Dieser Junge paddelt in einem Kajak.

SCHON GEWUSST?

Die Akashi-Kaiko-Brücke in Japan ist mit fast 4 km die längste Brücke der Welt. Sie verbindet zwei Inseln miteinander.

Sicherheit am Fluss

Flüsse können gefährlich sein, wenn Flutwellen nach heftigem Regen Straßen und Häuser zerstören. Schmutziges Wasser kann Menschen und Tieren schaden.

Diese Menschen stapeln Sandsäcke auf, um ihre Häuser vor den Flutwellen des Mississippi zu schützen.

Mississippiflut

1993 trat der Mississippi über die Ufer. Das Hochwasser überflutete mehr als 44 000 km^2 Land. Mehr als 70 000 Menschen mussten ihre Häuser verlassen.

Hochwasser in China

Diese chinesische Familie konnte 1998 dem Hochwasser des Jangtse im Boot entkommen. Insgesamt starben dabei über 3000 Menschen, rund 14 Millionen wurden obdachlos.

SCHON GEWUSST?

In China nennt man den Gelben Fluss auch „Chinas Leid", denn er hat viele verheerende Fluten gebracht. 1939 starben bei einem Hochwasser 90 000 Menschen.

Wasserverschmutzung

Flusswasser kann durch Abwasser oder Abfälle aus Landwirtschaft und Industrie verschmutzt werden. Um die Menschen zu schützen, haben viele Länder strenge Vorschriften zum Gewässerschutz erlassen.

Hier fließt Schmutzwasser in einen Fluss.

Hochwasserschutz

Bei starker Flut (siehe S. 142–143) könnte Meerwasser London überschwemmen; daher wurde die Thames Barrier gebaut. Wenn die riesigen Tore geschlossen sind, kann das Meerwasser nicht in den Fluss gelangen.

Ozeane und Meere

Die Ozeane sind eine Welt für sich, die zu einem großen Teil unerforscht ist. In diesem Kapitel wird erklärt, wie sich Wellen, Gezeiten und Strömungen auf Meer und Festland auswirken. Weiterhin wird die Entstehung von Küstenlinien, Inseln und Korallenriffs veranschaulicht. Und Ihr erfahrt, welche Tiere in den unterschiedlichen Meeresschichten, etwa der geheimnisvollen Tiefsee, leben.

Wasserwelt

Nur ein Drittel der Erdoberfläche besteht aus festem Land, den Rest bedeckt salziges Wasser. Diese riesige Wasserfläche wird in Ozeane und Meere unterteilt.

Salzige Ozeane

Das Wasser der Ozeane ist salzig, denn es enthält von Flüssen ins Meer geschwemmte Mineralien. Den größten Anteil hat Natriumchlorid, also Salz.

SCHON GEWUSST? Der Pazifische Ozean ist der größte Ozean der Erde. Er erstreckt sich über 166 Millionen km² und enthält etwa die Hälfte des gesamten Meerwassers.

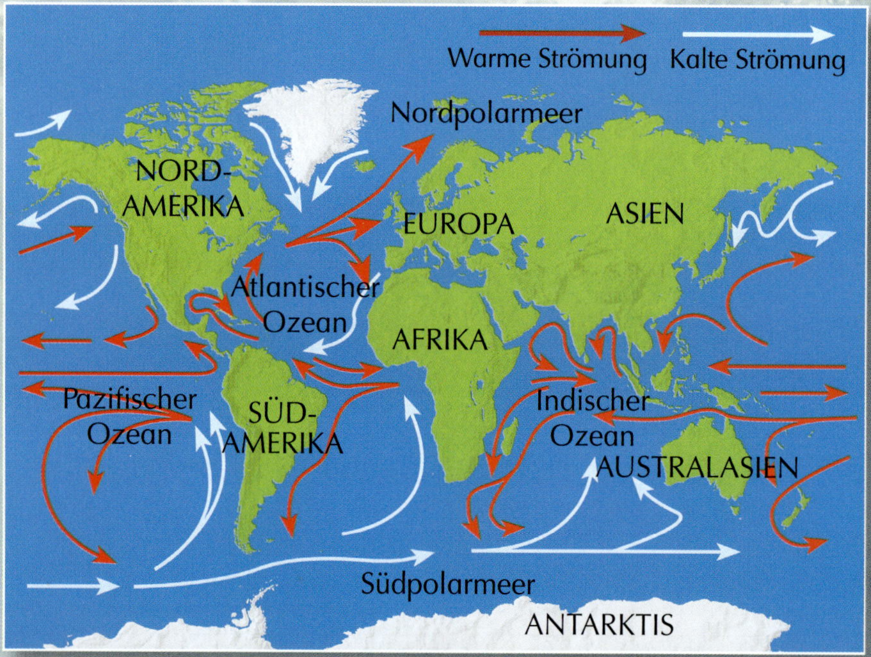

Ozeane und Meere

Atlantischer, Pazifischer und Indischer Ozean bilden mit Nord- und Südpolarmeer die großen Weltmeere. Sie sind durch kleinere Meere verbunden. Warme und kalte Strömungen fließen durch die Ozeane.

Extrem salzig

Das Tote Meer im Nahen Osten ist siebenmal salziger als andere Meere. Durch das Salz ist die Dichte des Wassers so hoch, dass man darin schwebt. In dieser salzigen Umgebung ist kaum Leben möglich.

Warmes Wasser

Der Golfstrom, eine warme Meeresströmung, sorgt für ein mildes Klima an der irischen und britischen Küste. Der Strom beginnt bei Mexiko und fließt quer durch den Atlantik.

Im milden Klima an der Westküste Irlands wachsen Palmen.

Wellen und Gezeiten

Das Wasser der Meere und Ozeane ist ständig in Bewegung. Wellen fegen über ihre Oberfläche. An der Küste fällt und steigt das Wasser mit Ebbe und Flut.

Wie entstehen Wellen?

Wenn Wind über das Wasser bläst, kräuselt sich die Oberfläche. Die kleinen Wellen werden größer. Draußen auf See sind die Wellen relativ flach, erst beim Erreichen der Küste türmen sie sich auf.

Kreisendes Wasser

Die Wasserteilchen in einer Welle bewegen sich im Kreis. Auf hoher See können sie frei rotieren. In Küstennähe behindert der Meeresboden diese Kreisbewegung, und es bilden sich Wellenkämme.

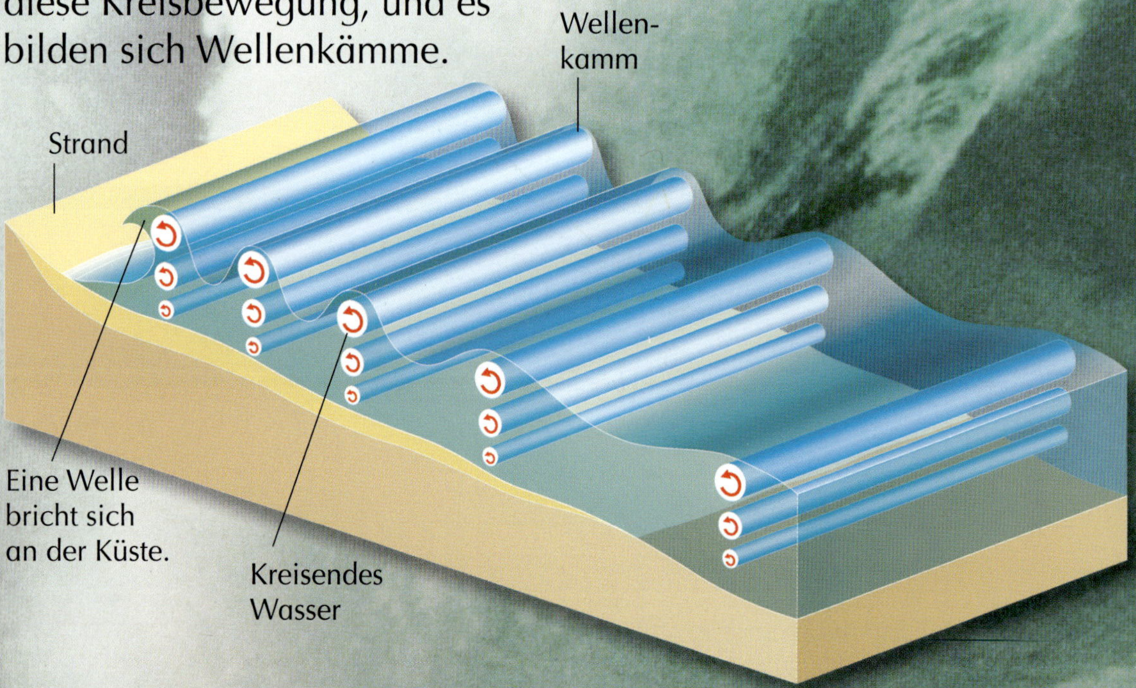

Gezeiten

Die Gezeiten werden vor allem durch die Schwerkraft des Mondes (siehe S. 16–17) ausgelöst. Beim Umkreisen der Erde zieht der Mond die Wassermassen der Meere an und erzeugt einen Wasserberg – die Flut.

Ein Surfer reitet auf einer gewaltigen Welle.

Ebbe und Flut

Diese Bilder zeigen einen Hafen im englischen Cornwall bei Hoch- und Niedrigwasser. Bei Flut steht das Wasser im Hafen, bei Ebbe ist es abgelaufen, und die Boote liegen auf dem Trockenen.

SCHON GEWUSST?

In der Fundybai in Kanada sind Ebbe und Flut mit bis zu 16 m Wasserstandsunterschied sehr stark ausgeprägt.

Felsküsten

An einigen Meeresküsten ragen hohe Klippen auf. Andere Küsten bieten weite, sandige Buchten, Landzungen oder imposante Felsbögen. All diese Küstenformen wurden von anbrandenden Wellen geschaffen.

Steile Klippen

Jede Minute, Tag für Tag brechen sich Wellen am Strand. Wasser, Sand und Kiesel donnern gegen die Felsküste und tragen kleine Stückchen ab. Wo Hügel an das Meer grenzen, bilden sich steile Klippen.

Landzungen und Buchten

Die gegen die Küste schlagenden Wellen tragen weiches Gestein schneller ab als hartes. Das Meer schneidet sich tief ein, Buchten entstehen. Hartes Gestein widersteht der Erosion und bildet Landzungen.

Felsbögen

Felsbögen entstehen, wenn sich das Meer von beiden Seiten in eine Landzunge frisst. Zuerst schaffen die Wellen zwei Höhlen, dann einen Felsbogen. Dieser Bogen befindet sich auf einer Galapagosinsel in Südamerika.

SCHON GEWUSST? Wellen donnern an die Klippen und tragen sie langsam ab. An manchen Küsten geht so pro Jahr mehr als 1 m Land verloren.

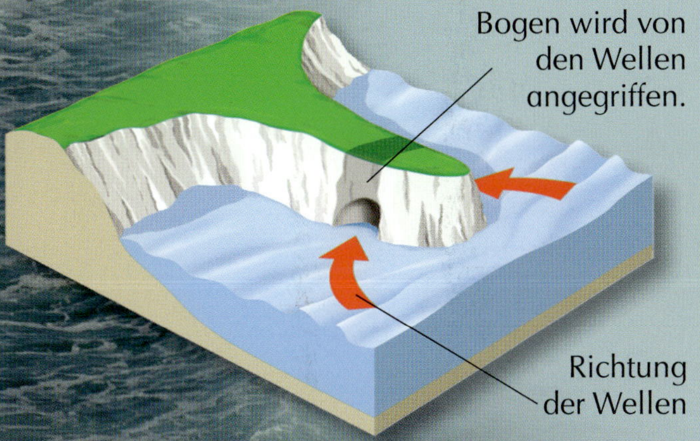

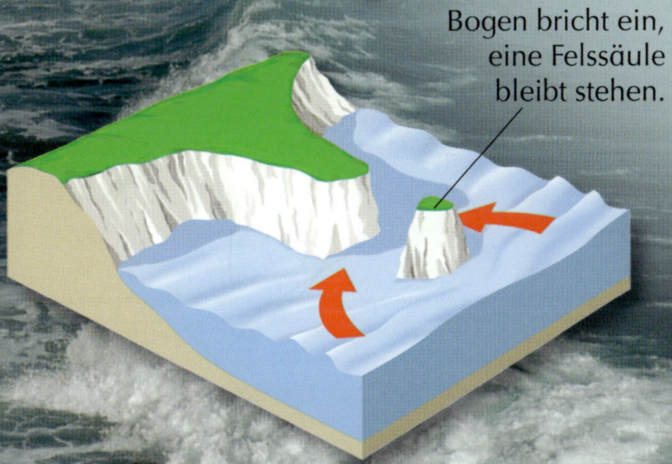

Felssäule

Die Wellen nagen immer weiter an einem Felsbogen, bis der Deckenbereich instabil wird und schließlich einstürzt. Zurück bleibt eine hoch aufragende Felssäule im Meer.

Am Strand

Es gibt Sand- und Kiesstrände. Die meisten Menschen bevorzugen einen sandigen Strand – und einigen Tieren geht es ebenso.

Ein breiter Sandstrand in einer Bucht in Cornwall, England

Wie entsteht ein Strand?

Flüsse transportieren Sand und Geröll ins Meer. Wellen lösen Felsstücke aus den Klippen. Wenn die Wellen Sand und Geröll an geschützten Buchten ablagern, bildet sich ein Strand.

Sand oder Kies

Sand besteht aus winzigen Stein- oder Muschelpartikeln. Flüsse und Wellen haben Steine und Muscheln in kleine Teilchen zerrieben. Kiesel sind kleine Steinbrocken, die vom Wasser rund geschliffen wurden.

Strandbewohner

Am Strand leben verschiedenste Tierarten. Krabben, Würmer und Herzmuscheln graben sich in den Sand. Möwen suchen am Wasserrand nach Fischen. Krustentiere wie Napfschnecken klammern sich an die Felsen.

Mit ihren großen Scheren schnappen sich Krabben ihre Beute.

SCHON GEWUSST?

Der Virginia Beach an der Ostküste der USA ist einer der längsten Sandstrände der Welt. Er erstreckt sich über rund 800 km².

Verlagerung seitwärts

Wenn Wellen schräg auf die Küste treffen, verlagern sie Sand und Kies seitwärts. Das abtransportierte Material kann sich im Meer zu einer sogenannten Nehrung auftürmen. Quer zum Strand errichtete Buhnen sollen die Verfrachtung des Sandes stoppen.

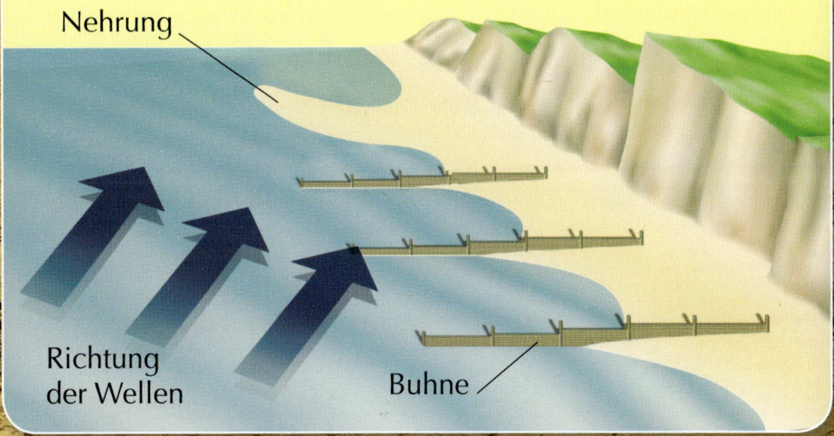

Inseln

Inseln sind vollständig von Wasser umgebene Landgebiete. Viele Inseln sind klein, manche aber auch groß, wie Großbritannien. Inseln findet man in Flüssen und Seen, aber auch im Meer.

Vulkaninseln

Weit draußen im Meer gelegene Inseln sind häufig die Spitzen unterseeischer Vulkane. Der Vulkan bricht am Meeresboden aus, und die Lava türmt sich zu einem Berg auf, der irgendwann die Meeresoberfläche durchbricht und eine Insel bildet.

Dicht beim Festland

Einige Inseln sind unmittelbar dem kontinentalen Festland vorgelagert. Früher war Großbritannien mit dem europäischen Festland verbunden. Als der Meeresspiegel stieg, wurde es zur Insel.

Eine Vulkaninsel in Alaska

SCHON GEWUSST?

Grönland, die größte Insel der Erde, hat eine Fläche von 2,2 Millionen km². Kleine Inseln sind häufig nur wenige Meter breit.

Koralleninseln

Diese Insel besteht aus den harten Kalkskeletten von Korallen (siehe S. 150–151). Manchmal bildet sich ein ringförmiges Korallenriff um eine kleine Vulkaninsel. Wenn die Insel durch Bewegungen der Erdkruste absinkt, bleibt nur das Korallenriff übrig.

Inselleben

Auf abgeschiedenen Inseln leben oft Tiere, die man sonst nirgends findet. Die Riesenschildkröte ist auf den Galapagosinseln in Südamerika beheimatet.

Great Barrier Reef

Korallenriffe bilden sich in warmen, flachen Meeren. Sie bestehen nicht aus Stein, sondern werden von den Korallentieren (Polypen) aufgebaut. Das Great Barrier Reef vor Australien ist das größte Korallenriff der Welt.

Riffbewohner

Die festen Korallenriffe wachsen bis dicht unter die Meeresoberfläche. Sie sind der Lebensraum vieler Meeresbewohner, wie etwa bunte Fische, Garnelen und Seesterne. In der Nähe tummeln sich Schildkröten und Haie.

Fakten: Barrier Reef

- Das Great Barrier Reef besteht aus rund 2500 kleineren Riffen. Insgesamt erstreckt es sich über 2000 km und ist sogar aus dem Weltall zu erkennen.
- Im Great Barrier Reef leben mehr als 1500 verschiedene Fischarten.

Riffbaumeister

Steinkorallen haben ein Kalkskelett und armähnliche Tentakel. Stirbt ein Polyp, bleibt sein Skelett übrig. Darauf siedeln sich neue Polypen an und bilden als Kolonie ein Korallenriff.

Korallententakel

Nesselfäden

Auf dem Riff leben Seeanemonen, deren Nesselgift die meisten Fische töten kann. Clownfische sind sicher, denn sie schützen sich mit einer Schleimschicht.

SCHON GEWUSST?

Korallen wachsen nur wenige Zentimeter pro Jahr. Es dauert Millionen von Jahren, bis ein großes Riff entsteht.

Unheimliche Haie

Haie gehen im klaren Wasser am Riff auf Jagd. Diese Großfische besitzen einen sehr empfindlichen Geruchssinn. Das Blut eines verwundeten Tiers lockt sie sofort an.

Die spitze Rückenflosse ragt aus dem Wasser, wenn ein Hai dicht unter der Oberfläche schwimmt.

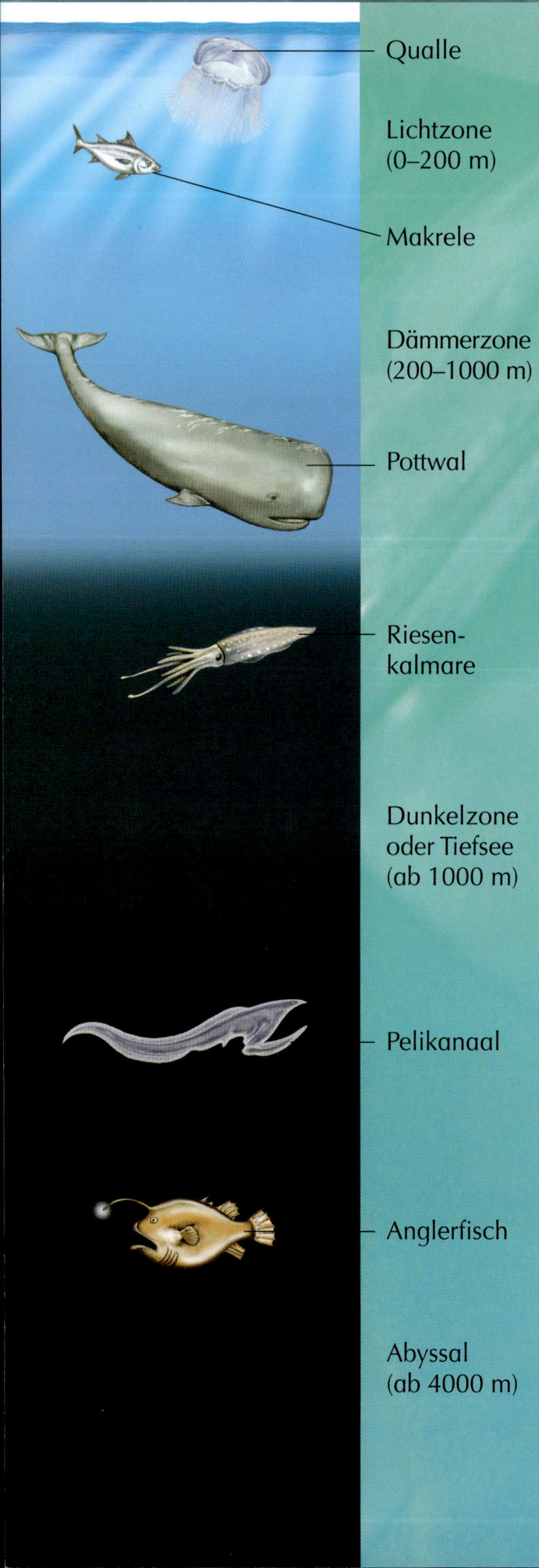

Offenes Meer

Auf offenem Meer kann das Wasser mehrere Kilometer tief sein. Die verschiedenen Tiefenregionen bieten unterschiedliche Lebensräume.

Tiefenregionen

Die obere Wasserschicht wird von der Sonne erhellt. Hier tummeln sich Quallen und Makrelen. In der Dämmerzone leben Pottwale und Riesenkalmare. In der dunklen Tiefsee findet man Anglerfische und Pelikanaale.

Plankton

Die an der Meeresoberfläche schwebenden winzigen Pflanzen und Tiere nennt man Plankton. Sie sind nur mit dem Mikroskop zu erkennen. Plankton dient vielen größeren Lebewesen, wie Walen, als Nahrung.

An der Oberfläche

Der Marlin, ein großer und schneller Fisch, jagt hier nach Makrelenschwärmen. Er schnappt sich die kleinen Fische mit seinem langen, spitzen Maul.

Ein Marlin kann mit einer Geschwindigkeit von bis zu 80 km/h schwimmen.

Abtauchen in die Tiefe

Pottwale kommen zum Atmen an die Oberfläche. Dann tauchen sie auf 1000 m Tiefe ab, um Riesenkalmare zu jagen. Viele Pottwale tragen Narben von Kämpfen mit Kalmaren.

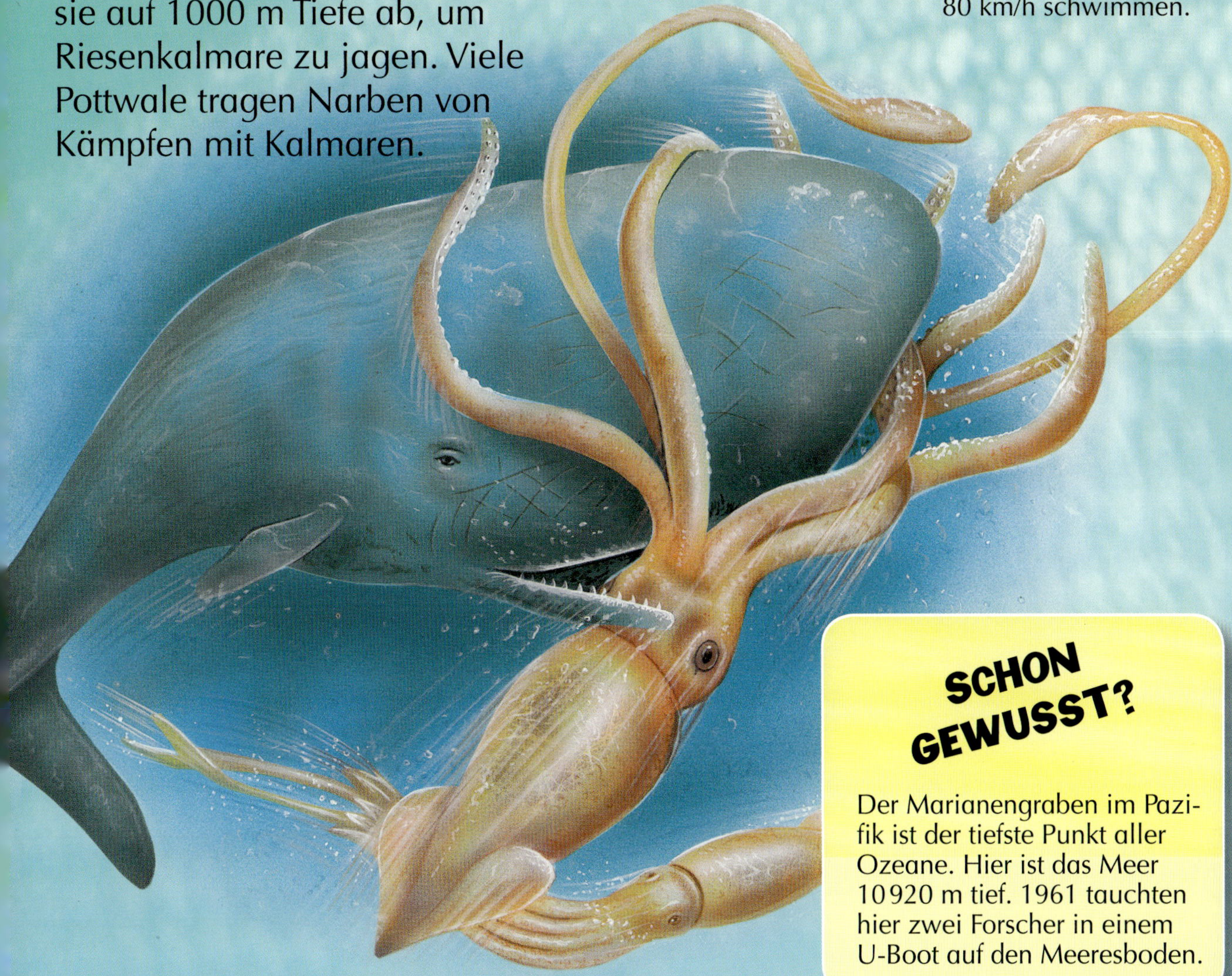

SCHON GEWUSST?

Der Marianengraben im Pazifik ist der tiefste Punkt aller Ozeane. Hier ist das Meer 10 920 m tief. 1961 tauchten hier zwei Forscher in einem U-Boot auf den Meeresboden.

Auf dem Meeresboden

Viele Tiere leben am Meeresboden. Seesterne und Plattfische findet man in eher seichten Gewässern. Am Grund der Tiefsee, wo es wie an Land Gebirge, Klippen und Vulkane gibt, lauern ganz andere Kreaturen.

Plattfische

Plattfische liegen auf dem Meeresboden. Die gesprenkelte Färbung tarnt diesen Steinbutt perfekt auf dem Sandboden. Um sich vor seinen Feinden zu verstecken, ändert der Fisch je nach Umgebung seine Farbe.

Am Grund des Ozeans

Durch die Mitte der Ozeane verlaufen lange Gebirgsketten. Die Ebenen daneben sind mit Vulkanen bestückt oder von Tiefseerinnen durchzogen. Der Meeresgrund steigt zum breiten Kontinentalschelf vor dem Festland an.

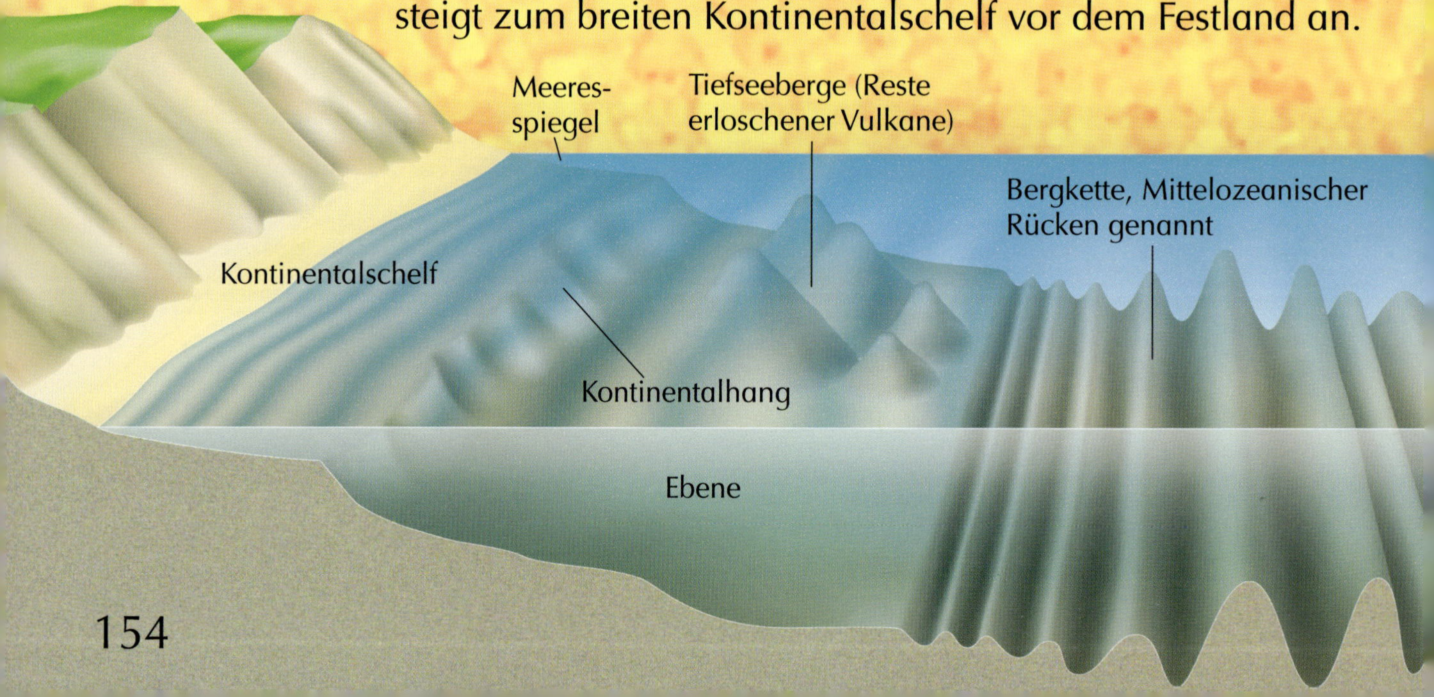

SCHON GEWUSST?

Die längste Bergkette der Erde verläuft unter dem Meeresspiegel in der Mitte des Atlantiks. Der sogenannte Mittelatlantische Rücken hat eine Gesamtlänge von über 11 000 km.

Seesterne

Seesterne kriechen über den Meeresboden. Die meisten Arten haben fünf Arme, es können aber bis zu 20 Arme sein. Von einem Angreifer abgebissene Arme wachsen wieder nach.

Kartierung des Meeresbodens

Forscher kartieren den Meeresboden mithilfe der Sonartechnik. Sie schicken Schallwellen zum Boden und erfassen das zurückkommende Echo. Aus der Zeit, die das Echo braucht, errechnet man die Tiefe.

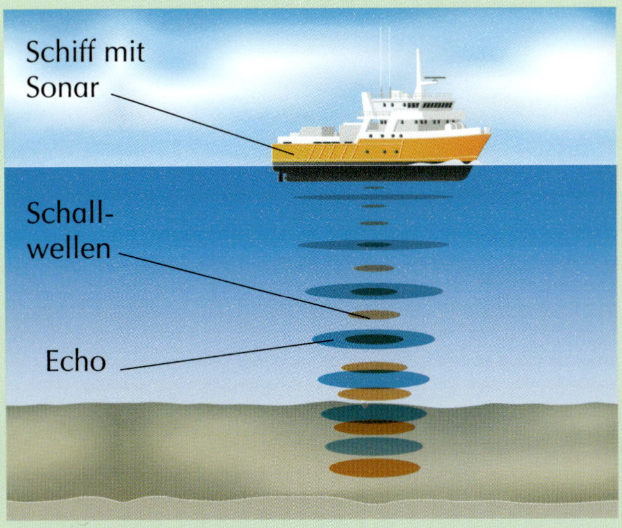

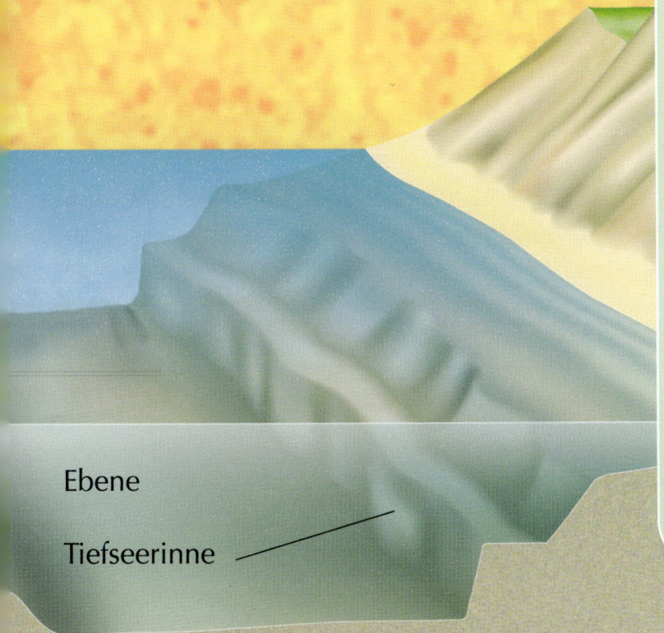

Die Tiefsee

Die Tiefsee ist der letzte unerforschte Bereich der Erde, denn sie ist extrem schwer zugänglich. Nur wenige Tauchboote können in diese Tiefe vordringen.

Tiefseetauchboot

Dieses Spezial-U-Boot kann den Ozeangrund erforschen. Es heißt Alvin und hat drei Personen an Bord. Mit zwei Greifarmen kann Alvin Proben sammeln.

Schwarze Raucher

1977 machten Forscher bei der Erkundung einer Tiefseerinne eine aufregende Entdeckung: seltsame Schlote, aus denen schwarzes, kochendes Wasser quoll. Diese unterseeischen Vulkane heißen Schwarze Raucher.

Viperfisch

Anglerfisch

Schlangenstern

Fische der Tiefsee

Tiefseefische jagen in kalten, dunklen Gewässern. Manche haben riesige, weit dehnbare Mäuler und Mägen. Einige Arten können Beutetiere verschlingen, die doppelt so groß sind wie sie selbst.

Leben um Schwarze Raucher

Im Umfeld der Schwarzen Raucher leben seltsame Geschöpfe: lange, schmale Würmer, blinde Krabben und Garnelen. Das heiße, mineralreiche Wasser bietet ihnen Nahrung.

SCHON GEWUSST?

Tiefseefische haben einen speziellen Körperbau, um den enormen Wasserdruck auszuhalten, der auf ihnen lastet. Tiefseefische können platzen, wenn man sie an die Oberfläche bringt.

Eine Krabbe bei einem Schwarzen Raucher

Eismeere

Die Meere der Polarregionen sind viele Monate im Jahr mit Eis bedeckt. Es gibt hoch aufragende Eisberge und riesige, oben abgeflachte Schelfeisflächen. Wenn das Meer gefriert, bildet sich Packeis.

Schelfeis

Am Rand des polaren Festlands findet man das Schelfeis. Es bildet sich, wenn Gletscher das Meer erreichen. Eisstücke brechen ab und treiben aufs Meer.

Ein dickes Federkleid hält die Kälte ab.

Pinguine

Pinguine leben an den Küsten der Antarktis. An Land watscheln sie eher unbeholfen. Im Wasser tauchen die guten Schwimmer nach Fischen. Pinguine können nicht fliegen. Sie setzen ihre Flügel beim Tauchen ein.

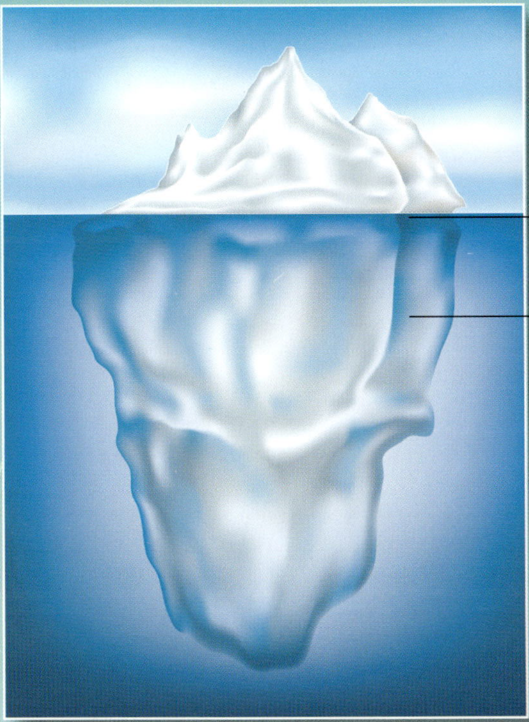

Eisberge

Eisberge entstehen, wenn große Eisbrocken vom Schelfeis oder einem Gletscher abbrechen. Sie können eine Gefahr für Schiffe sein, denn nur ein kleiner Teil des Eisbergs ragt aus dem Wasser.

SCHON GEWUSST?

Der größte je beobachtete Eisberg hatte ein Oberfläche so groß wie Belgien. Eisberge können bis zu 150 m hoch sein.

Untergang der Titanic

1912 rammte der Luxusdampfer Titanic im Nordatlantik einen Eisberg. Das Schiff sank innerhalb von knapp vier Stunden und riss 1500 Menschen in den Tod. Die Reederei hatte die Titanic zuvor als unsinkbar gerühmt.

Schätze der Meere

Die Ozeane bergen verschiedenste Schätze. Neben Fischen und Meeresfrüchten gibt es Bodenschätze wie Öl und Gas. Die Nutzung der Meeresressourcen ist allerdings nicht immer einfach.

Fischerboote

Fischer legen Netze und Fallen aus, um Fische und Schalentiere zu fangen. Für die Fischerei am Grund und an der Oberfläche setzt man verschiedene Netze ein. Die modernen Fischerboote arbeiten so effizient, dass inzwischen viele Fischarten selten sind.

Perlen

Perlen sind Gebilde aus Perlmutt, die von Muscheln produziert werden. Wenn ein Sandkorn in die Schale einer Auster gelangt, bildet sich darum eine harte, glänzende Schicht.

Ein Perltaucher in Thailand sammelt Austern aus Zuchtkörben ein.

Öl und Gas

In flachen Gewässern werden am Meeresboden Erdgas und Öl gefördert. Eine Bohrinsel wird auf Pfeiler gesetzt oder schwimmend am Boden verankert. Wenn die Bohrung im Meeresboden auf Öl oder Gas stößt, kann es hochgepumpt werden.

Salz

Zur Gewinnung von Salz werden flache Teiche an der Küste mit Meerwasser geflutet. Die Sonne verdunstet das Wasser, und zurück bleibt Meersalz.

Das Salz wird zu Bergen aufgetürmt.

SCHON GEWUSST?

Viele moderne Fischerboote haben eingebaute Kühlräume. Der Fisch wird direkt nach dem Fang gefroren, um ihn frisch zu halten. So können die Boote länger auf See bleiben.

Kraken

Legenden berichten von einem Meeresungeheuer, dem Kraken. Er soll Schiffe mit seinen Tentakeln umschlingen und zum Meeresgrund ziehen. Vermutlich beziehen sich diese Geschichten auf Riesenkalmare.

Mysterien des Ozeans

In der Welt unter Wasser verbergen sich viele Geheimnisse und Gefahren. Früher verband man diese Gefahren mit Meeresungeheuern. Heute wissen wir viel mehr über die Ozeane, doch einige Geheimnisse sind geblieben.

Felsenklippen

Felsen und Sandbänke können eine Gefahr für Schiffe sein, besonders bei Sturm und Nebel. Leuchttürme warnen die Schiffe vor Klippen. Früher bedienten Leuchtturmwärter die Anlagen, heute arbeiten die meisten Leuchttürme automatisch.

SCHON GEWUSST?

1872 fand man das Schiff Mary Celeste auf dem Atlantik treibend. Besatzung und Passagiere waren verschwunden. Das Rätsel konnte nie völlig geklärt werden.

Mythos Meerjungfrau

Seefahrer erzählten früher, sie hätten Meerjungfrauen gesehen. Diese Geschöpfe glichen angeblich Frauen mit einem Fischschwanz. Hintergrund der Geschichten war vermutlich die Begegnung mit Dugongs (Seekühen).

Die Figur der Kleinen Meerjungfrau im Hafen von Kopenhagen, Dänemark

Schatztaucher

In tückischen Gewässern liegen viele Wracks gesunkener Schiffe am Meeresboden. Einige hatten Gold, Silber und Juwelen geladen. Taucher untersuchen die Wracks und finden so manche Schätze darin.

Luft und Wetter

Hinter unserem Wetter steckt die Sonne: Sie heizt unsere Erde auf und löst so Luftbewegungen aus. So kommt es zu einem ständigen Wechsel zwischen klarem, blauem Himmel, heftigen Böen und donnernden Gewittern. Dieses Kapitel erklärt, wie sich Wolken bilden und warum es regnet. Außerdem erfährst Du, wie die Menschen sich auf das unterschiedliche Wetter einstellen.

Die Atmosphäre

Die Erde ist von einer schützenden Gashülle umgeben. Diese sogenannte Atmosphäre macht das Leben auf der Erde möglich. In der untersten Schicht spielt sich das Wetter ab.

Gashülle

Die wichtigsten Gase der Atmosphäre sind Stickstoff und Sauerstoff. In geringen Anteilen helfen andere Gase, die Sonnenwärme zu speichern und schädliche Strahlen auszufiltern. Die Schwerkraft der Erde hält die Atmosphäre fest.

Schichten der Atmosphäre

Die Atmosphäre besteht aus fünf Schichten. Die unterste, die Troposphäre, enthält rund 75 % der Atmosphärengase. Nach oben, zur Exosphäre hin, wird die Luft immer dünner.

Dünne Luft

Je höher man geht, umso weniger Sauerstoff ist vorhanden. Bergsteiger benutzen Sauerstoff in Flaschen als Atemhilfe. Die Luft auf den höchsten Bergen enthält im Vergleich zur Meereshöhe nur etwa ein Drittel der Gase.

Über den Wolken

Wolken bilden sich in der untersten Schicht der Atmosphäre. Flugzeuge steigen bis in die darüberliegende Stratosphäre auf, um Wolken und Stürmen auszuweichen.

Oberseite der Wolkendecke

SCHON GEWUSST?

Die Atmosphäre schützt uns auch vor Meteoriten, aus dem All herabstürzenden Felsbrocken, die meist durch den Luftwiderstand als Sternschnuppen hoch oben in der Atmosphäre verglühen.

Luft

Die Luft der Atmosphäre enthält ein Gasgemisch. Dieses wird permanent zwischen der Atmosphäre und der mit Pflanzen, Tieren und Menschen belebten Natur ausgetauscht.

Aus was besteht Luft?

Dieser Ballon zeigt die anteilige Zusammensetzung von Luft. Der Anteil von Stickstoff ist fast viermal größer als der von Sauerstoff. Zu den anderen Gasen gehören Kohlendioxid und Wasserdampf.

Pflanzenleben

Bäume und andere Pflanzen nutzen Kohlendioxid, Wasser und Sonnenlicht für die Fotosynthese und ihr Wachstum. Dabei geben sie Sauerstoff ab. Stickstoff aus dem Boden dient Pflanzen als Nahrung.

SCHON GEWUSST?

Die Zusammensetzung der Gase in der Atmosphäre ist seit rund einer Milliarde Jahren unverändert.

Tierleben

Tiere und Menschen brauchen Sauerstoff zum Leben. Beim Einatmen gelangt Sauerstoff über die Lungen in unser Blut. Das Blut wird durch den Körper gepumpt und versorgt die Organe mit Sauerstoff. Beim Ausatmen wird als Abfallprodukt Kohlendioxid ausgestoßen.

Wie wir Menschen atmen auch Pferde Sauerstoff ein und Kohlendioxid aus.

Atmen unter Wasser

Auch Fische brauchen Sauerstoff zum Leben. Sie nehmen den Sauerstoff aus dem Wasser über ihre Kiemen auf, wenn diese vom Wasser umströmt werden.

Hinter diesem Schlitz liegen die Kiemen des Fisches.

Leicht wie Luft

Luft an sich ist leicht, doch auf uns lastet das Gewicht der gesamten Luft über uns. Man bezeichnet das als Luftdruck. Man spürt diesen Luftdruck nicht, denn die Luft im Körper drückt dagegen. Doch man kann seine Auswirkungen sehen.

Gleiten und fallen

Lässt man einen Ball und eine Feder fallen, erreicht der Ball als Erster den Boden. Beide Objekte werden von der Schwerkraft angezogen, aber die bauschige Feder bietet der Luft mehr Widerstand als der glatte, runde Ball, der schneller fällt.

Seifenblasen

Beim Pusten von Seifenblasen füllt warme Luft aus der Lunge die Blasen. Warme Luft ist leichter als kalte, weshalb die Blasen aufsteigen. Beim Abkühlen der Luft im Innern sinken sie wieder.

Heißluftballon

Ein Heißluftballon steigt hoch in den Himmel, weil die Luft in der Ballonhülle mit einem Brenner erhitzt wird. Dadurch wird der Ballon leichter als die Umgebungsluft und steigt in die Höhe.

Aufsteigende Luft

Wenn die Sonne Luftmassen aufheizt, steigt diese Warmluft nach oben. Diesen warmen Luftstrom bezeichnet man als Thermik. Vögel nutzen die Thermik, um ohne große Flügelschläge lange dahinzugleiten.

Im Korb unter dem Ballon befinden sich die Passagiere.

Die großen Flügel der Möwen helfen ihnen beim Gleiten.

SCHON GEWUSST?

Hängegleiter sind große Drachen, an denen die Piloten hängend durch die Luft gleiten. Sie nutzen die Thermik zum Höhersteigen.

Wind

Wind ist sich bewegende Luft. Er entsteht, wenn die Sonne die Erdoberfläche ungleichmäßig aufheizt. Wind bringt Wettererscheinungen wie Wolken und Regen mit sich.

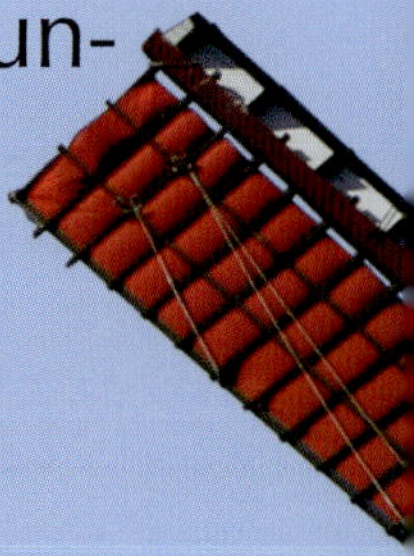

Zum Drachensteigen braucht man kräftigen Wind.

Warum bläst der Wind?

Warme Luft ist leichter als kalte und steigt nach oben. Kältere Luft fließt nach und nimmt den Platz der Warmluft ein. So entsteht eine Luftströmung.

Windgeschwindigkeit

Die Stärke des Winds hängt von seiner Geschwindigkeit ab. Ein langsamer Wind lässt Blätter rascheln, ein mittlerer lässt eine Fahne flattern. Schneller Wind kann Bäume entwurzeln.

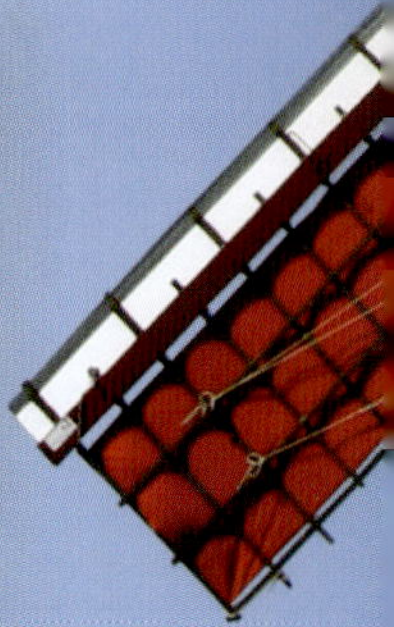

Den Wind nutzen

Wind wird auf verschiedene Weise genutzt. Er treibt die Flügel von Windmühlen an, um mit einem Mühlstein Korn zu Mehl zu zerreiben. Wind drückt auf die Segel von Schiffen und bewegt sie so übers Meer.

Wetterfahne

Eine Wetterfahne dreht sich und zeigt so die Windrichtung an. In den meisten Gegenden bläst der Wind gewöhnlich aus einer, der vorherrschenden Windrichtung.

SCHON GEWUSST?

Moderne Windmühlen von Windkraftanlagen nutzen die Windenergie zur Stromerzeugung. Die Flügel oder Rotoren sind mit einem Generator verbunden.

Wolkenhimmel

Wolken sind Ansammlungen schwebender, feuchter Luft mit Millionen winziger Wassertröpfchen oder Eiskristalle. Wolken bilden sich, wenn feuchte Warmluft aufsteigt und abkühlt.

Kumuluswolken ziehen über den Sommerhimmel.

Flauschiger Kumulus

Am Himmel kann man unterschiedliche Wolkenformen beobachten, die verschiedenes Wetter bringen. Weiße Quellwolken, Kumulus genannt, signalisieren gutes Wetter.

Abgeflachter
Kumulonimbus

Gewitterwolken

Der Kumulonimbus ist eine hoch aufragende, oben abgeflachte Wolke. Diese Wolken kündigen schlechtes Wetter an, häufig mit heftigem Regen, Hagel oder Gewittern (siehe S. 202–203 und 210–211).

Zarter Zirrus

Der Zirrus bildet sich aus Eiskristallen sehr hoch am Himmel. Manchmal verweht der Wind diese leuchtend weißen Wolken zu federbuschartigen, zarten Figuren.

Dicker Stratus

Der Stratus ist eine tief hängende Schichtwolke. Manchmal überzieht er den ganzen Himmel mit einer dichten, grauen Wolkendecke. Das deutet auf Regen oder Schnee hin.

SCHON GEWUSST?

Der Zirrus ist die höchste Wolke und bildet sich in 6–12 km Höhe. Kumulonimbuswolken sind sehr groß und können sich bis zu 9 km hoch auftürmen.

Es regnet

Früher oder später geben Wolken ihre Feuchtigkeit als Regen, Schnee, Graupel oder Hagel ab. Man nennt das Niederschlag. Feinen Regen bezeichnet man als Nieselregen, kurzen Regen als Schauer.

Regen aus Eis

In besonders hohen Wolken bildet die Feuchtigkeit Eiskristalle. Diese verbinden sich zu Schneeflocken. Oft schmelzen die Schneeflocken auf dem Weg nach unten und fallen als Regen.

Heftiger Regen

Die winzigen Wassertröpfchen in den Wolken vereinigen sich zu größeren Tropfen. Wenn diese zu schwer werden, fallen sie zu Boden. Einen besonders heftigen Regen nennt man Wolkenbruch.

Der Himmel wird grau, wenn die Wolken dicker werden.

SCHON GEWUSST?

Regentropfen sind nicht wie Tränen tropfenförmig. Sie sind rund und unten abgeflacht wie ein Hamburgerbrötchen.

Regenbogen

Kommt die Sonne während eines Regenschauers hervor, kann sich ein Regenbogen bilden. Die Regentropfen zerlegen das weiße Licht in die Spektralfarben Rot, Orange, Gelb, Grün, Blau und Violett.

Trocken bleiben

Mit Schirm, Regenjacke und Gummistiefeln bleibt man auch bei heftigem Regen trocken. Sie sind aus wasserdichtem Material gefertigt und halten den Regen ab.

Der Wasserkreislauf

Wasser bewegt sich in einem nie endenden Kreislauf zwischen Luft, Meer und Land. Das Wasser ändert dabei seinen Zustand: von flüssig nach gasförmig und zurück.

Sonne als Antrieb

Die Sonne hält den Wasserkreislauf durch die Erwärmung der Luft in Schwung. Warme Luft enthält mehr Feuchtigkeit als kalte. Wenn Warmluft abkühlt, bilden sich Wolken, und es regnet.

Aufsteigende Feuchtigkeit

Wenn die Sonne das Meer erwärmt, steigt feuchter, gasförmiger Wasserdampf auf. Diesen Vorgang bezeichnet man als Verdunstung. Der Wind bläst die feuchte, warme Luft landeinwärts.

Wolkenbildung

Steigt die feuchte Warmluft über Hügeln oder Bergen auf, kühlt sie ab. Der Wasserdampf verwandelt sich in winzige Wassertropfen oder Eiskristalle, die sich zu Wolken zusammenballen.

SCHON GEWUSST?

Der Regen, der an einem Ort fällt, ist schon viele Male an anderen Stellen niedergegangen. Auf der Erde bildet sich kein neues Wasser, es wird natürlich recycelt.

Wasser aufsaugen

Ein Teil des Regenwassers fließt in Flüsse und ins Meer zurück. Ein anderer Teil versickert im Boden. Bäume nehmen über ihre Wurzeln Flüssigkeit auf und geben sie über ihre Blätter wieder ab.

Tau

Tau bildet sich am Morgen oder Abend auf dünnen, kühlen Oberflächen. Beim Abkühlen der Oberfläche sammelt sich darauf Feuchtigkeit aus der Luft. Bei Frost bildet sich Reif.

Wasser bedeckt als Tau oder Reif die Blattoberfläche.

Tau, Dunst und Nebel

Tau, Dunst und Nebel entstehen, wenn die Luftfeuchtigkeit kondensiert und sich Wassertropfen bilden. Das passiert, wenn die Luft plötzlich abkühlt, etwa an einer kalten Oberfläche.

Dunst

Einen trüben Wolkenschleier dicht über dem Boden nennt man Dunst. Berge sind oft dunstverhüllt, weil die Luft dort kühler ist.

Lamas grasen in den dunstverhangenen Anden in Peru.

Nebel

Nebel ist sehr dichter Dunst mit einer Sichtweite unter 1000 m. Nebel kann gefährlich sein. Autofahrer müssen starke Nebelscheinwerfer einschalten und langsam fahren.

SCHON GEWUSST?

Dunst bildet sich meist auf den Gipfeln der Berge. Unter bestimmten Bedingungen kann er auch in Tälern auftreten, während die Bergspitzen klar bleiben.

Smog

Den oft über Städten hängenden Schleier aus Rauch und Nebel bezeichnet man als Smog. Er wird durch die Abgase der Autos und Fabriken verursacht und kann zu Atembeschwerden führen.

Wüsten und Dürre

Der Regen verteilt sich ganz unterschiedlich auf der Erde. In Wüsten fällt fast kein Regen. Viele Wüsten liegen im Zentrum der Kontinente, wo die Luft sehr trocken ist.

Wüstenpflanzen

Kakteen gedeihen auch an trockenen Standorten. Sie speichern Wasser in ihren dicken Stämmen. Solch ein Riesenkaktus kann bis zu 17 m hoch und 200 Jahre alt werden.

Tau trinken

In Wüsten findet man häufig Reptilien wie Schlangen und Echsen. Diese Echse, ein Dornteufel, lebt in den Wüsten Australiens. Die Stacheln auf ihrem Körper leiten den Tau in die Mundwinkel.

Blühende Wüste

Fällt doch einmal Regen in der Wüste, keimen sofort die Samen auf, und die Pflanzen blühen. Für wenige Tage gleicht die Wüste einem Blumenteppich. Kehrt die Trockenheit zurück, verwelken sie rasch.

Dürre

Eine lange Periode ohne Regen nennt man Dürre. Viele Regionen Afrikas werden regelmäßig von Dürre heimgesucht. Pflanzen und Tiere können verdursten. Die Menschen müssen oft wegziehen.

Die Stacheln schützen die Echse auch vor Feinden.

SCHON GEWUSST?

Die Atacamawüste in Südamerika ist der trockenste Ort der Erde. An manchen Stellen hat es seit Jahrzehnten nicht geregnet. Die Anden halten die feuchten Regenwolken von der Region fern.

Die Sahara

Die Sahara, die sich quer über Nordafrika erstreckt, ist die größte Wüste der Welt. Pflanzen, Tiere und Menschen müssen Überlebensspezialisten sein, um hier existieren zu können.

Größte Wüste der Erde

Die Sahara erstreckt sich vom Roten Meer bis zum Atlantik. Und sie wächst weiter, denn viele Ackerflächen im Randbereich leiden unter Dürre.

Sanddünen

Rund ein Fünftel der Sahara ist mit Sand bedeckt, der Rest mit Steinen. Der Wind türmt den Sand zu hohen Hügeln auf, die man Dünen nennt. Bei Sonnenuntergang färben sich die Saharadünen rot.

Fakten: Sahara

- Die Sahara bedeckt mit 9 Millionen km² eine ähnlich große Fläche wie die USA.
- Vor rund 6000 Jahren war es in der Sahara wesentlich feuchter. Höhlenmalereien zeigen, dass in der heutigen Wüste früher Elefanten und Giraffen lebten.
- Die höchsten Dünen der Sahara sind 465 m hoch.

Breite Hufe verhindern, dass das Kamel im weichen Sand einsinkt.

Kamele

In der Sahara dienen Kamele als Lasttiere. Sie tragen Güter und Menschen über weite Wüstenstrecken. Ist das Futter knapp, können die Tiere von dem in ihren Höckern gespeicherten Fett leben.

SCHON GEWUSST?

Kamele können viele Tage ohne Wasser auskommen. Erreichen sie dann ein Wasserloch, trinken sie in wenigen Minuten bis zu 100 Liter.

Wüstenbewohner

Einige der Menschen, die in der Sahara leben, sind Nomaden. Auf der Suche nach Wasser und Futter für ihre Kamele ziehen sie von Lager zu Lager und schlafen in Zelten. Viele Nomaden leben heute in Städten.

Mit dem Wetter leben

Flauschige Mützen und Fleecejacken halten den eisigen Wind ab.

Die Menschen haben gelernt, mit den unterschiedlichen Wetterbedingungen vor Ort zurechtzukommen. Mit der passenden Kleidung und entsprechenden Häusern kann man Hitze, Kälte oder Regen trotzen.

Warm eingepackt

In einigen Teilen der Erde gibt es kalte, monatelange Winter mit Schnee und Eis. Die Menschen ziehen sich warm an, wenn sie ins Freie gehen. Die Häuser sind gemütlich und gut beheizt.

Diese Pfahlbauten haben zum Schutz vor Regen steile Dächer.

Gut vorbereitet

Gebiete mit starken Regenfällen leiden oft unter Überschwemmungen. In einigen Teilen Asiens baut man deshalb die Häuser erhöht auf Pfähle. Kleine Boote dienen als Verkehrsmittel.

Höhlenbewohner

In Wüsten und Gebieten in Äquatornähe kann die Hitze sehr unangenehm sein. In Teilen Afrikas und Australiens leben Menschen in kühlen, in den Fels geschlagenen Wohnhöhlen.

Winterschlaf

Tiere passen sich auf ihre Weise an schwierige Wetterbedingungen an. Säugetiere wie dieses Murmeltier verbringen die Wintermonate in einem tiefen Winterschlaf. So sparen sie Energie, wenn das Futter knapp ist.

Murmeltier im Winterschlaf

Wetterbeobachtung

Das Wetter spielt eine große Rolle in unserem Leben. Vom Wetter hängt ab, wie wir uns kleiden und was wir unternehmen. Für Landwirte, Seeleute und alle, die im Freien arbeiten, sind die Wetteraussichten wichtig.

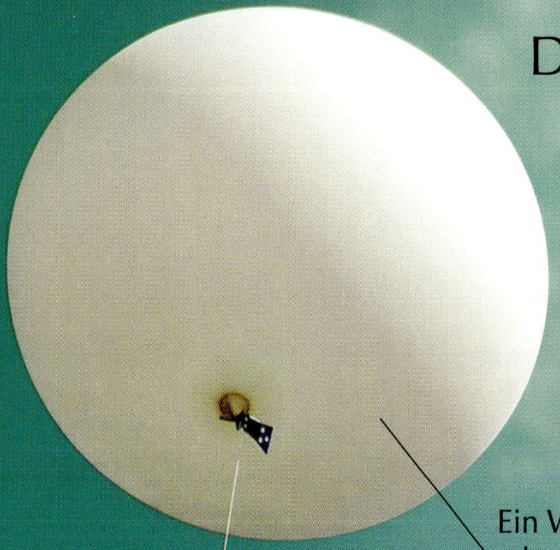

Ein Wetterballon übermittelt per Funk seine Daten.

Wetterballon

Wetterballone messen die Bedingungen hoch oben in der Atmosphäre. Sie sind mit dem extrem leichten Gas Helium gefüllt. Auch Flugzeuge und Satelliten erheben Daten und halten nach Stürmen Ausschau.

SCHON GEWUSST?

Wetterstationen gibt es nicht nur an Land. Sie können auf See in Schiffen und Bojen oder im Weltraum in Satelliten installiert sein. Wetterstationen erfassen täglich unzählige Wetterdaten.

Wetterstationen

Überall auf der Erde messen Wetterstationen Niederschlagsmenge, Temperatur, Windrichtung und -geschwindigkeit. Diese Daten werden in Computer eingegeben, die bei der Wettervorhersage mithelfen.

Wettervorhersage

Die Wettervorhersage beschreibt die wahrscheinliche Wetterentwicklung der nächsten Tage. Mit Symbolen werden auf Wetterkarten wichtige Größen wie Temperatur, Wind, Sonnenschein und Regen dargestellt.

Wettertagebuch

Man kann selbst täglich die Wetterdaten aufzeichnen und so zum Wetterexperten werden. Mit Thermometer und Messglas werden Temperatur und Niederschlagsmenge ermittelt.

Unwetter

Viele Gegenden der Erde werden gelegentlich von heftigen Unwettern – Hurrikanen, Tornados, Hagel- und Schneestürmen – heimgesucht. Dieses Kapitel erklärt, wie solche Unwetter entstehen und warum Gewitterwolken Hagel oder Blitze produzieren. Fachleute warnen vor einer Erwärmung der Erde und vermehrten Unwettern. Was können wir zur Rettung unserer Erde tun?

Hurrikane

Wirbelstürme mit starken Winden nennt man Hurrikane. Der Wind dreht sich um ein ruhiges „Auge" im Zentrum. Hurrikane entstehen über warmen Ozeanen und richten an Land große Schäden an.

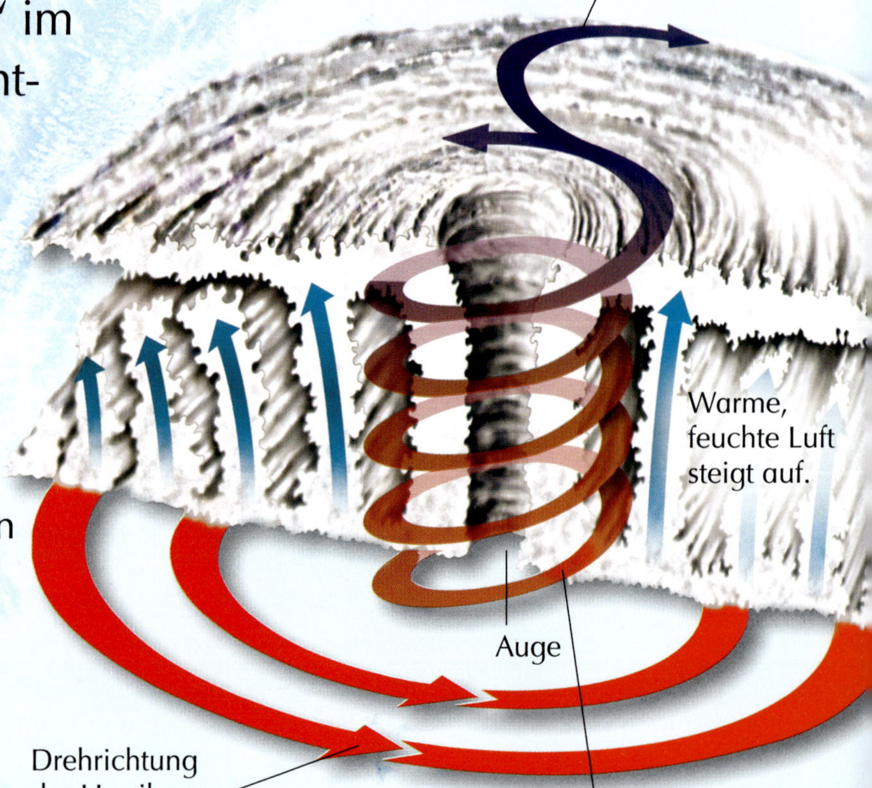

Wie entsteht ein Hurrikan?

Wenn die Sonne den Ozean aufheizt, bilden sich aus der aufsteigenden feuchten Warmluft Gewitterwolken. Unten strömt Kaltluft nach. Die Wolken wachsen und beginnen sich zu drehen.

Wolkenwirbel

Dieses Foto eines Hurrikans wurde aus dem All aufgenommen. Es zeigt Wolkenbänder, die um das Auge im Zentrum herumwirbeln. Hurrikane sind riesig, sie können Durchmesser von 500–800 km haben.

Starke Winde

Hurrikane erreichen Windgeschwindigkeiten von über 300 km/h. Bäume können entwurzelt werden. Der Aufenthalt im Freien ist sehr gefährlich.

SCHON GEWUSST?

Wirbelstürme, die sich im Atlantischen Ozean bilden, bezeichnet man als Hurrikane. Im westlichen Pazifik heißen sie Taifune.

Hurrikanschäden

Wenn Hurrikane auf Land treffen, können die heftigen Winde Häuser und andere Gebäude zerstören. Die starken Regenfälle führen oft zu Überschwemmungen.

Hurrikan Katrina

2005 suchte ein starker Hurrikan namens Katrina den Süden der USA heim. Große Teile der Küstenstadt New Orleans wurden überflutet. Er war der verheerendste Sturm, den die USA jemals erlebte.

Verwüstete Städte

Hurrikan Katrina verwüstete Küstenstädte, als er vom Meer heranzog. Der heftige Wind schleuderte diesen Lkw in einen Baum. Boote wurden an Land geworfen.

Hochwasser

Stürmischer Wind, raue See und heftiger Regen lösten Überschwemmungen aus. Der Mississippi trat über sein mit hohen Dämmen gesichertes Ufer. Die Wassermassen überfluteten die Stadt New Orleans.

Das Hochwasser durchbricht einen Damm.

Fakten: Katrina

- Beim Hurrikan Katrina wurden Windgeschwindigkeiten bis zu 280 km/h gemessen.
- Das Hochwasser bedeckte vier Fünftel von New Orleans. Häuser, Geschäfte und Parks standen bis zu 6 m unter Wasser.

Rettung per Boot

Die Stadtverwaltung ordnete die Evakuierung der Stadt an. Hubschrauber und Boote retteten Menschen, die von den steigenden Fluten eingeschlossen waren.

SCHON GEWUSST?

Durch den Hurrikan Katrina starben mehr als 1000 Menschen. Rund eine Million wurden durch Sturm und Hochwasser obdachlos.

Rückkehr

Nach dem Ablaufen der Fluten wurden die Dämme wieder aufgebaut. Dann mussten die beschädigten Gebäude repariert werden. Es dauerte lange, bis die Bewohner in ihre Häuser zurückkehren konnten.

Tornados

Tornados sind kleine, aber sehr heftige Stürme. Ein rotierender Trichter aus Luft rast über das Land und saugt Trümmerteile auf. Tornados bilden sich an Land, nicht über dem Meer.

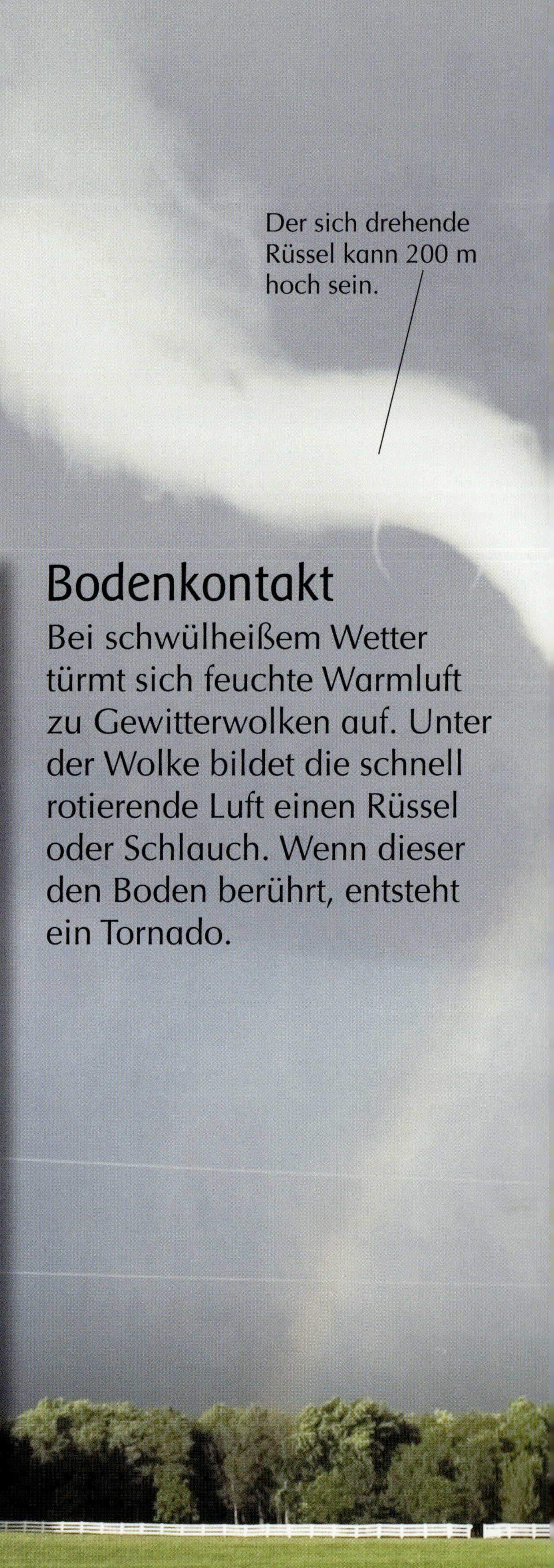

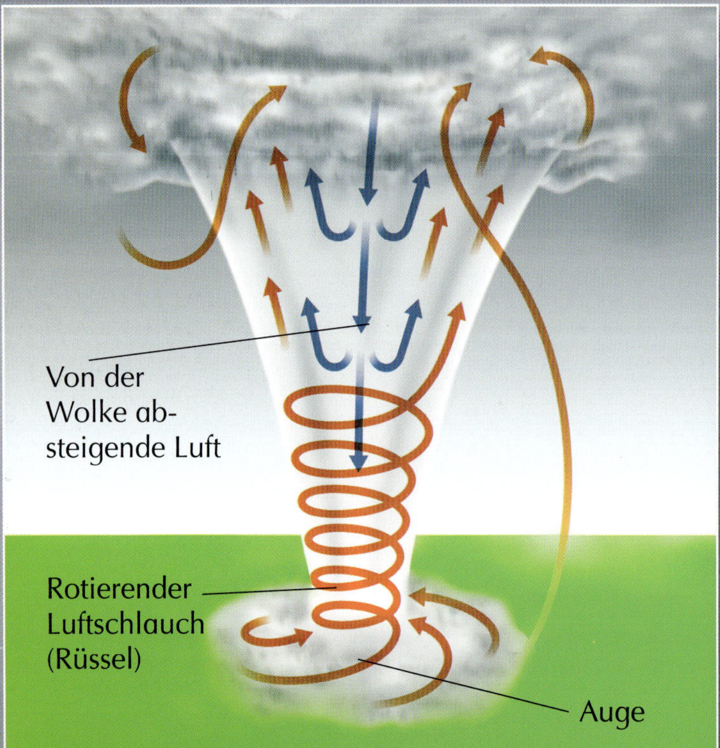

Innenansicht eines Tornados

Tornados sind mit einem Durchmesser von meist unter 1000 m wesentlich kleiner als Hurrikane, dafür sind die Windgeschwindigkeiten höher. Wie beim Hurrikan kreist der Wind um ein ruhiges „Auge“.

Bodenkontakt

Bei schwülheißem Wetter türmt sich feuchte Warmluft zu Gewitterwolken auf. Unter der Wolke bildet die schnell rotierende Luft einen Rüssel oder Schlauch. Wenn dieser den Boden berührt, entsteht ein Tornado.

Tornadospur

Der extrem starke Wind eines Tornados hat enorme Kraft. Doch die Spur der Verwüstung ist meistens schmal. Ein Tornado kann ein Haus komplett zerstören, das Nachbarhaus aber intakt lassen.

Tornadoschäden in Florida 2007

SCHON GEWUSST?

In Tornados wurden Windgeschwindigkeiten von bis zu 600 km/h gemessen. Sie sind damit die schnellsten Winde der Erde.

Tornado Alley

In den USA sind Tornados recht häufig. Jedes Jahr zählt man dort rund 1000 Tornados. Die meisten bilden sich in der sogenannten Tornado Alley (auf der Karte gelb markiert).

Ein Tornado richtet dort, wo er den Boden berührt, erhebliche Schäden an.

Tornadoschäden

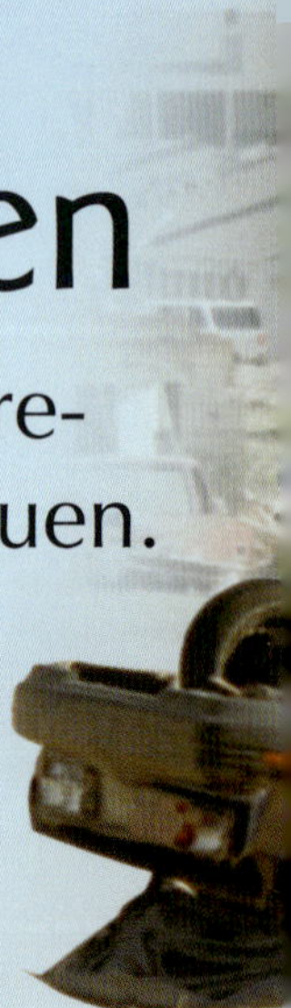

Tornados legen nur kurze Strecken zurück, bevor sie abflauen. Aber sie hinterlassen dabei eine Spur der Verwüstung. Manchmal bildet sich bei einem „Tornado outbreak“ eine ganze Gruppe von Tornados.

Tornado outbreak

1974 bildeten sich an einem Tag 148 Tornados in den USA. Wie auf der Karte dargestellt, zogen sie über 13 US-Staaten hinweg. Sie töteten 330 Menschen und hinterließen eine 4000 km lange Spur der Verwüstung.

Tornadoschutzräume

Bei einem Tornado ist der sicherste Platz unter der Erde. Viele Häuser in den USA besitzen unterirdische Schutzräume. Nach einer Tornadowarnung bringen sich die Menschen dort in Sicherheit, bis die Gefahr vorüber ist.

Schwere Schäden

Der Rüssel eines Tornados wirkt wie ein gigantischer Staubsauger. Er reißt Dächer von Häusern, wirft Gebäude um und wirbelt Autos durch die Luft.

SCHON GEWUSST?

Tornados können sehr schwere Gegenstände hochheben. 1931 hob ein Tornado einen 88 t schweren Zug aus den Gleisen, und schleuderte ihn durch die Luft in einen Graben.

Sturmjäger

Die meisten Menschen sind froh, keinem Tornado zu begegnen. Doch die sogenannten Sturmjäger wollen Tornados aus der Nähe beobachten. Wird ein Tornado angekündigt, fahren sie los, um den Sturm zu fotografieren.

Kuriose Stürme

Hurrikane und Tornados sind nicht die einzigen Wirbelstürme. Rotierende Winde können sich auch über dem Meer bilden oder Sand in der Wüste aufwirbeln.

Sandteufel

Kleine Tornados, die sich in Wüsten bilden, nennt man Sandteufel. Der Luftwirbel nimmt Sand auf und trägt ihn bis zu 30 m hoch in die Luft. Trotz ihres Namens richten Sandteufel meist kaum Schaden an.

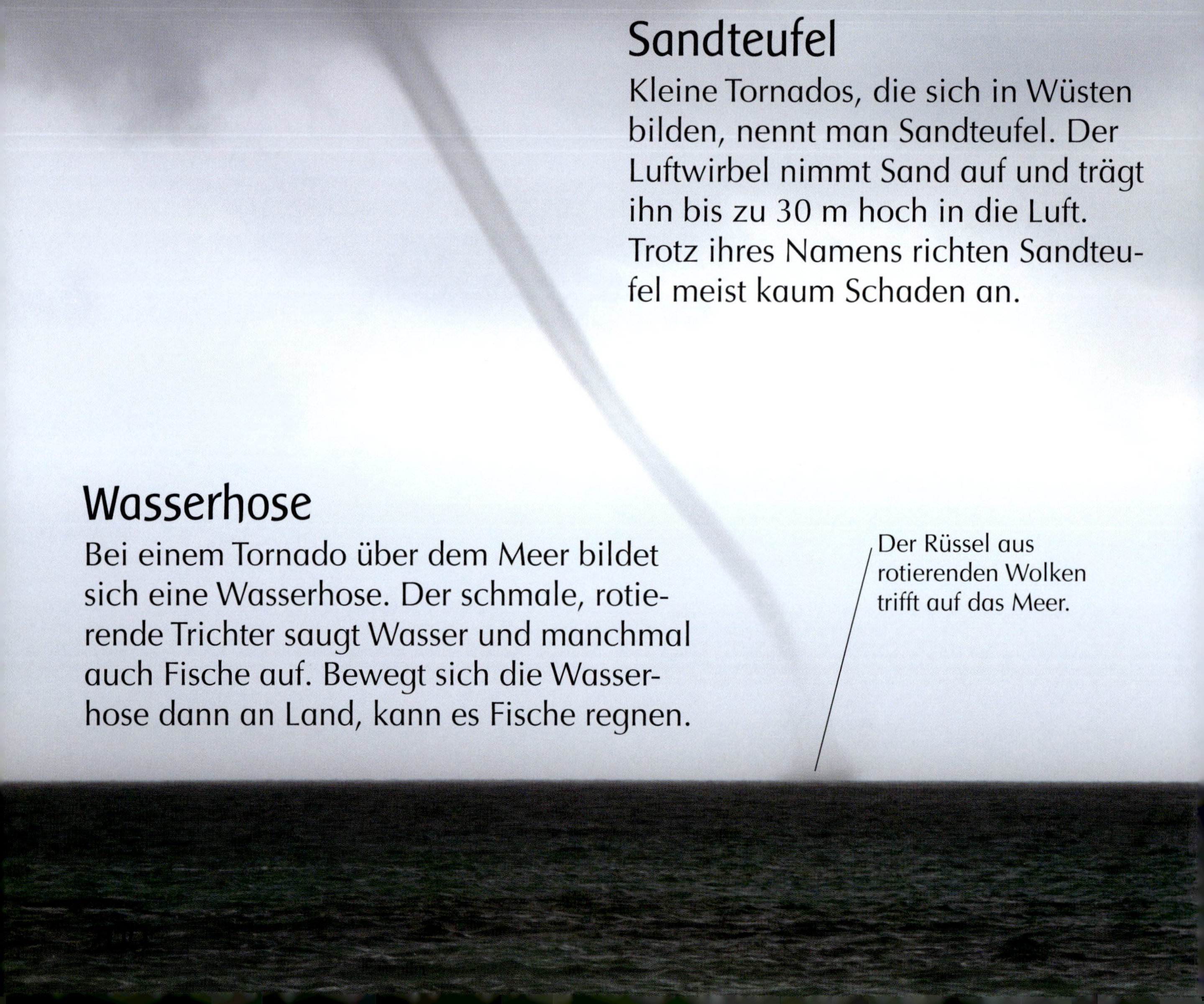

Wasserhose

Bei einem Tornado über dem Meer bildet sich eine Wasserhose. Der schmale, rotierende Trichter saugt Wasser und manchmal auch Fische auf. Bewegt sich die Wasserhose dann an Land, kann es Fische regnen.

Froschregen

Über die Jahrhunderte gab es viele Berichte über Tiere oder seltsame Dinge, die Wirbelwinde mit sich trugen. 1939 ging ein Regen kleiner Frösche auf eine Stadt in Westengland nieder. Ein Wirbelwind hatte die jungen Frösche aus den Teichen gesaugt.

Sandstürme

In Wüsten können starke Winde Sandstürme auslösen. Stechender Sand erfüllt die Luft, und die Menschen suchen eilig Schutz. Der Wind transportiert den Sand oft über Tausende von Kilometern, bevor dieser sich ablagert.

SCHON GEWUSST?

1940 ging über der russischen Stadt Gorki ein Regen von Silbermünzen nieder. Ein Wirbelwind hatte eine vergrabene Schatztruhe freigelegt und die Münzen verstreut.

Ein Sandsturm färbt in Pakistan den Himmel orangerot.

Gewitter

Rund 2000 Gewitter wüten pro Minute irgendwo auf der Erde. Diese Stürme können schwere Schäden anrichten. Meist bilden sich Gewitter bei heißem Wetter, wenn sich feuchte, warme Luft zu Wolken zusammenballt.

Was ist ein Blitz?

Durch die heftigen Luftwirbel in Gewitterwolken reiben sich die Regentropfen aneinander und laden sich elektrisch auf. An der Oberseite der Wolke baut sich eine positive, an der Unterseite eine negative Ladung auf, bis sie sich in einem Blitz als Funke entlädt.

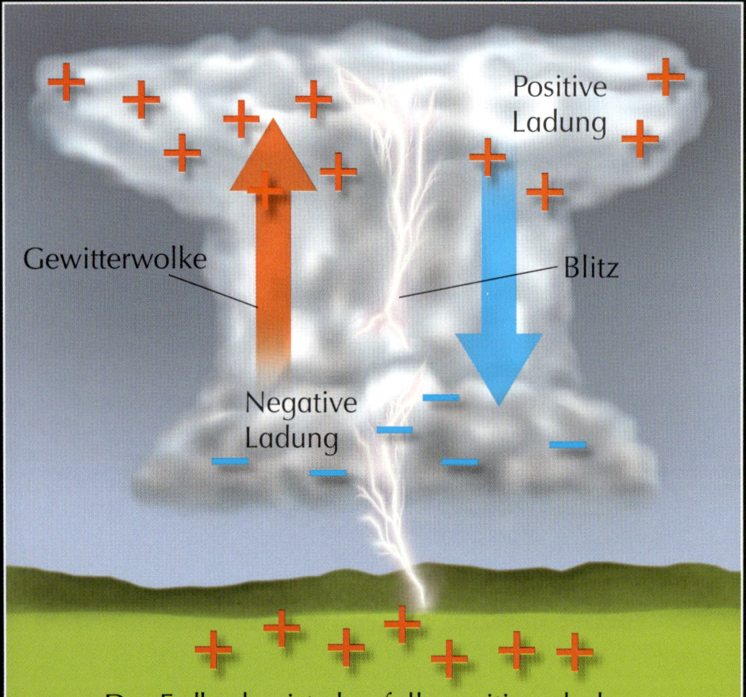

Der Erdboden ist ebenfalls positiv geladen.

Statische Elektrizität

Die in Gewitterwolken entstehende Elektrizität nennt man statische Elektrizität. Dieselbe Art Elektrizität lässt unsere Haare abstehen, wenn wir sie kräftig bürsten.

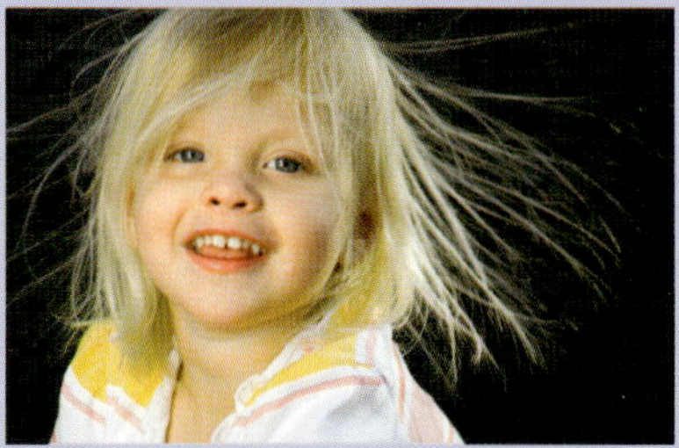

Donnerschlag

Wenn der Blitz durch den Himmel jagt, heizt er die Luft extrem stark auf. Die Luft explodiert und löst den ohrenbetäubenden Donnerschlag aus. Licht bewegt sich schneller als Schall, deshalb sieht man den Blitz, bevor man den Donner hört.

SCHON GEWUSST?

Der Schall des Donners legt in 10 Sekunden rund 3,4 km zurück. Man kann die Entfernung des Gewitters in Kilometern bestimmen, indem man die Sekunden zwischen Blitz und Donner zählt und mit 0,34 multipliziert.

Waldbrände

Blitze können, gerade bei großer Trockenheit, Waldbrände auslösen. 1988 wüteten durch Blitze entzündete Brände im Yellowstone National Park und vernichteten viele Tausend Hektar Waldfläche.

Zuckende Blitze

Ein Blitz ist ein riesiger elektrischer Funke. Blitze haben verschiedene Formen, je nachdem ob die Funkenentladung zwischen zwei Wolken am Himmel oder einer Wolke und dem Erdboden passiert.

Ein Flächenblitz trifft eine Stadt in Utah.

Wetterleuchten

Wenn sich Blitze zwischen Wolken entladen, kommt es zum Wetterleuchten. Die Blitze bringen die Wolken von innen zum Leuchten (wie auf dem Foto oben).

Flächenblitze

Einen Blitz, der sich auf seinem Weg nach unten vielfach verzweigt, nennt man Flächenblitz. Diese Blitze werden von der positiven Ladung angezogen, die der Boden angenommen hat.

SCHON GEWUSST? Vom Blitz getroffen zu werden, kann tödlich sein. Einige haben es überlebt, wie der Golfer Lee Trevino, der während eines Spiels getroffen wurde.

Blitzschlag

Blitze nehmen immer den kürzesten Weg zum Boden. Hohe Objekte wie Bäume und Hochhäuser ziehen sie an. Daher sollte man bei einem Gewitter nie unter einem Baum Schutz suchen.

Blitzableiter

Hohe Gebäude werden oft von Blitzen getroffen. Blitzableiter verhindern Schäden am Gebäude. Der Blitz schlägt in den Blitzableiter ein und wird über einen dicken Draht in den Boden geleitet.

Ein Blitz schlägt in den Blitzableiter eines Hochhauses in Shanghai ein.

Monsun und Hochwasser

In einigen Teilen der Erde wehen Monsun genannte Winde, die je nach Jahreszeit ihre Richtung ändern. Der Sommermonsun bringt heftige Regenfälle, die zu Überschwemmungen führen können.

Sommerregen

Die Bauern brauchen den Monsun, um die Felder im Sommer zu bewässern. Diese indischen Bauern pflanzen während des Monsunregens Reis.

Wechselnde Winde

Die Karte zeigt, wie der Monsun in Asien seine Richtung ändert. Im Winter bläst der Wind vom Festland nach Süden und bringt trockenes Wetter. Im Sommer bläst er vom Ozean nach Norden und bringt heftigen Regen.

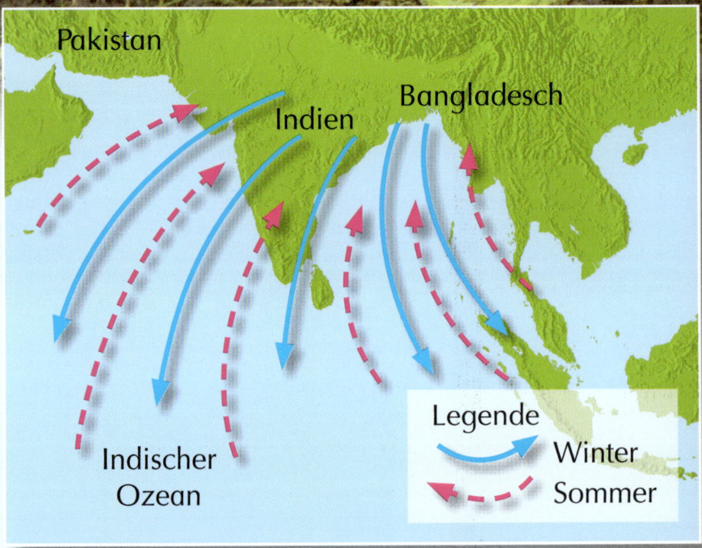

Überschwemmungen

Im tief gelegenen Bangladesch führt der Monsunregen häufig zu Überschwemmungen. Nach heftigen Regenfällen stand dieses Dorf 2007 unter Wasser.

SCHON GEWUSST?

1900 wurde die Hafenstadt Galveston in Texas bei einem Hurrikan von einer Flutwelle zerstört. Mit dem Hurrikan traf eine Wasserwand direkt auf die Stadt.

Sturmfluten

Auf seinem Weg über das Meer türmt ein Hurrikan Wasser auf. Dieser Wasserberg, Sturmflut genannt, überschwemmt die Küstenregionen.

Nach einem Hurrikan 2003 steht diese amerikanische Küstenstadt unter Wasser.

Schnee und Eis

In vielen Teilen der Erde bringt der Winter Frost, Eis und Schnee. Warm eingepackt, macht auch dieses Wetter viel Spaß.

Schnee

Schnee bildet sich in Wolken unterhalb des Gefrierpunkts. Die Feuchtigkeit in den Wolken verwandelt sich in Eiskristalle, die zu Schneeflocken zusammenwachsen.

Schneekristalle

Alle Schneekristalle haben sechs Strahlen oder Seiten. Es gibt keine zwei gleich geformten Kristalle. Ein Forscher hat 50 Jahre lang Schneekristalle untersucht und keine zwei gefunden, die identisch waren.

Im Schnee kann man Schlitten fahren.

Reif

Bei Frost bilden sich auf Blättern, Fenstern und anderen kalten Oberflächen Eiskristalle, der sogenannte Reif. Dicker Reif kann wie eine Schneeschicht aussehen.

Eiszapfen

Bei Frost können Eiszapfen von Dächern, Bäumen oder Felsen hängen. Sie bilden sich aus tropfendem Wasser, das gefriert. Je mehr Wasser herabtropft und gefriert, umso länger werden die Eiszapfen.

SCHON GEWUSST?

Paradise im Mount Rainier National Park gilt als einer der schneereichsten Orte der Welt. In einem Winter fielen in Paradise 32 m Schnee.

Hagel und Blizzards

Winterwetter kann gefährlich sein. Als Blizzard bezeichnet man die Kombination aus heftigem Schneefall und starkem Wind. Bei Hagel regnet es Eiskörner.

Die Sicht ist durch einen Blizzard stark eingeschränkt, das Fahren wird gefährlich.

Schneestürme

Bei einem Blizzard wirbelt dichter Schnee durch die Luft, und eine Eisschicht macht die Straßen glatt. Schneeverwehungen können die Wege blockieren.

Die Pflugschar schiebt den Schnee zur Seite.

Hagelbildung

Hagelkörner bilden sich, wenn der Wind Eiskristalle in kalten Wolken auf und ab wirbelt. Bei dieser Bewegung legen sich immer mehr Eisschichten um den Kern. Die Hagelkörner werden dadurch schwerer und fallen zu Boden.

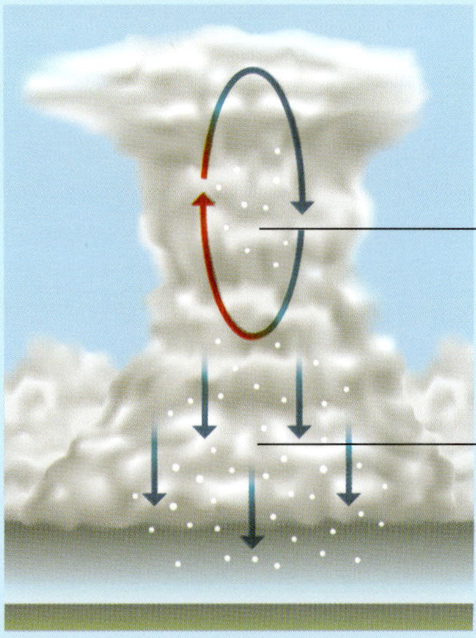

SCHON GEWUSST? Das größte Hagelkorn wurde 2003 in Aurora, Nebraska, registriert. Der dicke Eisbrocken hatte einen Durchmesser von 17 cm.

Die meisten Hagelkörner haben die Größe einer Erbse, doch es gibt auch viel größere.

Hagelschäden

Große Hagelkörner richten schweren Schaden an. Tennisballgroße Hagelkörner können Autos verbeulen und ganze Ernten vernichten.

Schneeräumen

Dieser Schneepflug räumt eine Straße frei. Bei einem Blizzard türmt sich der Schnee auf Dächern und Ästen. Unter dem Gewicht der Schneemassen können Bäume umfallen und Dächer einstürzen.

Klimawandel

In den vergangenen Jahren haben die Unwetter deutlich zugenommen. Experten sehen die Ursachen dafür in der Erwärmung der Erde, die durch die Umweltverschmutzung hervorgerufen wird.

Globale Erwärmung

Kraftwerke verbrennen Kohle, Öl und Gas, um Energie zu gewinnen. Gleichzeitig geben sie Abgase in die Luft ab. Diese Gase führen zu einem globalen Temperaturanstieg.

Treibhausgase

Gase in der Atmosphäre halten einen Teil der Sonnenwärme fest. Sie wirken wie die Verglasung eines Treibhauses, weshalb man sie Treibhausgase nennt. Durch die Umweltverschmutzung steigt ihr Anteil, die Erde erwärmt sich.

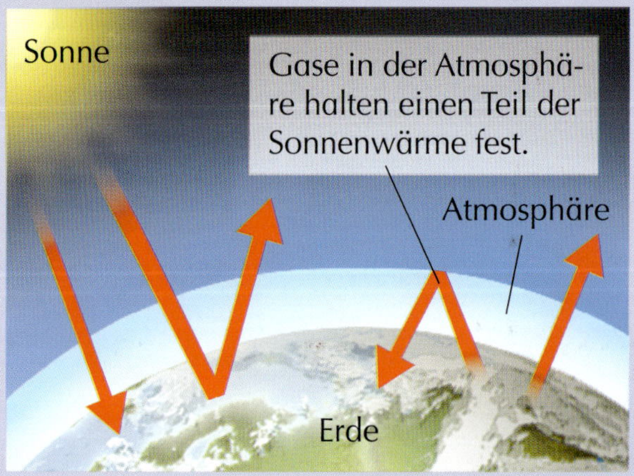

In Städten wie Schanghai verursacht der Autoverkehr viele Abgase.

Ballungsräume

Autos und Fabriken stoßen Treibhausgase aus. Die Luft in Städten wird besonders stark verschmutzt, weil in Ballungsräumen viele Menschen leben und arbeiten.

SCHON GEWUSST?

Im 20. Jahrhundert war ein Temperaturanstieg von 1 °C Grad zu verzeichnen. Fachleute befürchten eine beschleunigte Erwärmung, wenn die Emissionen nicht reduziert werden.

Schmelzende Eisdecke

Die globale Erwärmung bringt das Eis der Polargebiete zum Schmelzen. Durch das Schmelzwasser steigt der Meeresspiegel an. Dieser Eisbär wird keine Nahrung mehr finden, wenn alles Eis wegschmilzt.

Beim Anstieg des Meeresspiegels würde diese Insel im Indischen Ozean überflutet.

Zukunft der Erde

Die Erwärmung der Erde lässt den Meeresspiegel ansteigen und verursacht schlimme Unwetter. Wir müssen Wege finden, die Umweltverschmutzung zu reduzieren, die dafür verantwortlich ist.

Anstieg der Meere

Bei einem weiteren Anstieg des Meeresspiegels könnten Küstenstädte überflutet werden und viele Inseln verschwinden. Nur durch Verringerung der Emissionen lässt sich das verhindern.

Alternative Fahrrad

Der Autoverkehr verursacht viele Abgase. Durch alternative Formen der Fortbewegung lassen sich Emissionen verringern. Wie wäre es mit Laufen oder Radfahren, oder der Nutzung von Bus und Bahn?

Recycling

Altpapier, Glas, Metall und Plastik werden zur Wiederverwendung in Fabriken gesammelt. Dieses sogenannte Recycling spart Rohstoffe und Energie.

Eine Kiste mit wiederverwertbarem Abfall

Energiesparen

Auch die Kraftwerke, die uns mit Strom versorgen, tragen zur globalen Erwärmung bei. Wir sollten Energie bewusster einsetzen und Lampen, Fernsehgeräte und Computer abschalten, wenn wir sie nicht brauchen.

SCHON GEWUSST? Sonne, Wind- und Wasserkraft können zur Gewinnung sauberer Energie genutzt werden.

Wichtige Begriffe

Äquator
Gedachte Linie um die breiteste Stelle der Erde

Ästuar
Trichtermündung eines Flusses mit Gezeiteneinfluss

Atmosphäre
Gasschicht, die unsere Erde einhüllt

Biom
Gebiet der Erde mit einem bestimmten Klima und Lebensraum spezieller Pflanzen und Tiere

Damm
Entlang eines Flusses aufgeschütteter hoher Wall zum Schutz vor Hochwasser

Delta
Flussmündung, die sich durch Schlamm- oder Sandablagerungen verzweigt und auffächert

Dürre
Trockenperiode ohne Niederschläge

Eiszeit
Zeitabschnitt in der Vergangenheit mit einem viel kälteren Erdklima als heute

Erdachse
Gedachte Linie zwischen Nord- und Südpol; Rotationsachse der Erde

Erdmantel
Schicht aus rot glühendem Gestein im Innern der Erde unterhalb der Erdkruste

Erosion
Abtragen (Verwittern) von Gestein durch Wettereinwirkung

Eruption
Ausbruch eines Vulkans unter Ausstoßen von Asche und Lava

Erz
Metallhaltiges Gestein

Evakuierung
Räumung eines Gebiets bei drohender Gefahr

Fossil
Meist als Versteinerung erhaltener Überrest prähistorischer Tiere und Pflanzen

Fossile Brennstoffe
Brennstoffe wie Kohle oder Erdöl, die aus den Überresten prähistorischer Pflanzen oder Tiere entstanden

Fotosynthese
Vorgang in Pflanzen zur Erzeugung von Nährstoffen aus Kohlendioxid und Wasser mithilfe von Sonnenlicht

Gemäßigte Zone
Gebiet mit einem milden Klima

Geysir
Heiße unterirdische Quelle, die Dampf und kochendes Wasser ausstößt

Gletscher
Gewaltige Eismasse, die langsam bergab gleitet

Gravitation
Schwerkraft der Erde, die alle Dinge zu Boden zieht

Hemisphäre
Eine der beiden durch den Äquator getrennten Hälften der Erde

Humus
Oberste Bodenschicht aus verwesenden Pflanzenteilen

Hurrikan
Wirbelsturm mit starken Winden

Kiemen
Fein verästelte Atmungsorgane, mit denen Fische Sauerstoff aus dem Wasser aufnehmen

Klima
Regelmäßiger Witterungsverlauf eines Gebiets

Krater
Trichterförmige Vertiefung im Boden oder am Gipfel eines Vulkans

Kristall
Mineral mit glatten, flachen Seiten und regelmäßiger Form

Kruste
Die feste, äußere Schicht der Erde

Landzunge
Lange, schmale ins Meer ragende Halbinsel

Lava
Bei einem Vulkanausbruch austretendes Magma

Luftdruck
Das Gewicht der auf die Erde drückenden Luft

Mäander
Stark ausgeprägte Windung eines Flusses

Magma
Glühend flüssiges Gestein unterhalb der Erdkruste

Magnet
Eisen- oder Stahlstück, das Gegenstände aus Eisen anzieht

Magnetfeld
Bereich um einen Magnet, in dem seine Anziehungskraft wirkt

Metall
Meist gut formbares, glänzendes Material wie Kupfer oder Gold, das Elektrizität leitet

Mineral
Feste, natürliche Substanz, aus der Gesteine aufgebaut sind

Monsun
Wind, der in Südasien in den Sommermonaten Regen bringt

Nordpol
Der nördlichste Punkt der Erde

Oase
Ort in der Wüste mit einer Wasserquelle

Plankton
Winzige, im Ozean treibende Pflanzen und Tiere

Platten
Riesige Gesteinstafeln, aus denen sich die Erdoberfläche zusammensetzt

Polarlicht
Leuchterscheinung am Nachthimmel von Nord- und Südpol

Polarregionen
Die Gebiete um Süd- und Nordpol

Recycling
Aufbereitung wiederverwendbarer Abfallbestandteile aus Glas, Metall, Papier oder Kunststoff

Seismograf
Apparat zur Messung der Erdbebenstärke

Smog
Dichter, durch Umweltverschmutzung verursachter Nebel in Städten

Sonnensystem
Die Sonne und alle sie umkreisenden Himmelskörper

Sturmflut
Aufs Land zulaufende Wasserwand, die sich durch einen Sturm auf dem Meer bildet

Südpol
Der südlichste Punkt der Erde

Temperatur
Wärmezustand eines Stoffes

Tentakel
Langes, armähnliches Körperanhängsel von Tieren

Thermik
Strom aufsteigender Warmluft

Tornado
Ein Schlauch aus rotierender Luft, der sich unter Gewitterwolken bildet

Treibhauseffekt
Gase in der Atmosphäre halten die Sonnenwärme fest und bewirken eine Erwärmung der Erde.

Tropen
Die Gebiete beiderseits des Äquators mit feuchtheißem Klima

Tsunami
Durch Erdbeben oder Vulkanausbrüche am Meeresboden erzeugte Flutwelle

Umlaufbahn
Weg, den ein Planet beim Umkreisen der Sonne oder ein Mond beim Umkreisen eines Planeten nimmt

Umweltverschmutzung
Schädigung unserer Umwelt durch feste, flüssige oder gasförmige Stoffe

Verwerfung
Riss in der Erdkruste, hervorgerufen durch im Untergrund aneinanderreibende Gesteinsplatten

Wasserkraftwerk
Anlage zur Erzeugung von Elektrizität aus schnell fließendem Wasser

Zelle
Kleinste Grundeinheit, aus der sich alle Organismen aufbauen

MUSEEN

In den folgenden Museen findest Du weiterführende Informationen zu allen in diesem Buch besprochenen Themen. Außer den hier genannten Museen gibt es aber noch viele andere kleinere Museen, die sich den gleichen Themen widmen, die hier jedoch nicht alle aufgelistet werden konnten.

www.deutsches-museum.de
Das Museum informiert über Naturwissenschaft und Technik. Der Hauptsitz ist in München, in Bonn gibt es eine Zweigstelle.

www.naturkundemuseum-berlin.de
Das Naturkundemuseum in Berlin informiert über die frühe Erdgeschichte.

www.ozeaneum.de
Das Ozeaneum in Stralsund zeigt die Unterwasserwelt der nördlichen Meere.

www.planetarium-jena.de
Das Planetarium in Jena erlaubt einen Blick ins Weltall. Darüber hinaus gibt es in Deutschland noch viele andere Planetarien.

Register

H

I

J

K

L

M

T

U

V

W

Z

Abbildungsnachweis

Die Illustrationen, z. B. von Peter Bull und Myke Taylor, wurden von der Art Agency zur Verfügung gestellt, der Tyrannosaurus Rex auf S. 24 von Jon Hughes und Russell Gooday.

u = unten, o = oben, r = rechts, l = links, M = Mitte

1 Digital Vision, 2–3 Dreamstime/Eugene Barzakovsky, 4–5 iStockphoto.com/Jan Will, 6ol Dreamstime.com/Boris Pamikov, 6Ml Dreamstime.com/Dmytro Korolov, 6ul Dreamstime.com/Htuller, 6–7o Dreamstime.com/Yakobchuk, 6–7M Dreamstime.com/Wolfgang Amri, 6–7u iStockphoto.com/Andrew Martin, 7ol&ul Dreamstime.com/Gennadij Kurilin, 7or Dreamstime.com/Stephen Mcsweeny, 7Mr Dreamstime.com/Jose Fuente, 7ur iStockphoto.com/Sergey Dubrovskiy, 8–9 Digital Vision, 10–11M NASA, 10 ul Dreamstime.com/Jinyoung Lee, 11or Digital Vision, 11ur iStockphoto.com/Soubrette, 12ul Dreamstime.com/Jeecis, 13or Dreamstime.com/Ben Goode, 13ur Dreamstime.com/Stephen Mcsweeny, 15ol Dreamstime.com/Jeanne Hatch, 15Mr Corbis/Bernd Obermann, 15Mlr Dreamstime.com/Geopappas, 15ur Dreamstime.com/Koskins39, 16–17M Dreamstime.com/Sonya Etchison, 17u Dreamstime.com/Irochka, 18–19 NASA/JPL-Caltech, 19o Corbis/Bryan Allen, 19u Digital Vision, 20o Dreamstime.com/Ivan Cholakov, 20u iStockphoto.com/zbindere, 21u Dreamstime.com/Anthony Hall, 22 Dreamstime.com/Mark Bond, 23o Dreamstime.com/Ismael Montero, 23u Dreamstime.com/Kun Jiang, 25o Corbis/James L. Amos, 26 iStockphoto.com/Brett Hillyard, 27o Dreamstime.com/Joe Gough, 27u Dreamstime.com/Andrew Chambers, 29o Dreamstime.com/Musat Christian, 29u Dreamstime.com, 30o Dreamstime.com/Laurin Rinder, 30u Dreamstime.com/Nikhil Gangavane, 31o Dreamstime.com Dennis Sabo, 31u Dreamstime/Dennis Sabo, 32o Dreamstime.com/Maxfx, 32u Dreamstime.com/Roman Krochuk, 33o Dreamstime.com/Anthony Hathaway, 33u Dreamstime.com/Jan Martin Will, 34–35 Corbis/Herbert Spichtinger, 36o Dreamstime.com/Sebastian Kaulitzki, 36u Dreamstime.com, 37o Corbis/Ted Spiegel, 38o Dreamstime.com/Anatoly Tiplyashin, 38u Dreamstime.com/Charles Taylor, 39l Dreamstime.com/Peter Clark, 39r Dreamstime.com/Stephen Finn, 40o Dreamstime.com/David Lloyd, 40u Corbis/Robert Gill, 41o Dreamstime.com/Daniel Haller, 41u Dreamstime.com/Don Mace, 42o Dreamstime.com/David Lloyd, 42u iStockphoto.com/Carmen Martinez Banús, 43r Dreamstime.com/Rafael Laguillo, 43M Dreamstime.com/Andy Butler, 43u Dreamstime.com/Pavel Losevsky, 44o Dreamstime.com/Pancaketom, 44u Dreamstime.com/Jesse, 45o Dreamstime.com/Alexkalina, 45u Dreamstime.com/Aravindteki, 46 Dreamstime.com/Alena Yakusheva, 47o Dreamstime.com/Robert Cocquyt, 47M Dreamstime.com/Vlad Turchenko, 47u Dreamstime.com/David Watkins, 48l Dreamstime.com/Maxim Malevich, 48r Dreamstime.com/Kameel4u, 49o Dreamstime.com/Jerry Horn, 49u iStockphoto.com/Piotr Przeszlo, 50ol Corbis/Visuals Unlimited, 50or Dreamstime.com/Andreasg, 50u Dreamstime.com/Kirill Bodrov, 51o Corbis/Bettmann, 51u Dreamstime.com/Oleg Fedorenko, 52l Corbis/Karen Michelmore, 52r Dreamstime.com/Ye Liew, 53o Dreamstime.com/Piotr Majka, 53M Corbis/Paul A. Souders, 53u Corbis/Jonathan Blair, 54o Dreamstime.com/Marat Hasanov, 55o Digital Vision, 55ul Dreamstime.com/Nicole Waring, 55uM Dreamstime.com/Evgeny Terentyev, 55ur Dreamstime.com/Paul Butchard, 56l Dreamstime.com/Htuller, 57o Dreamstime.com/Alexandr Klochov, 57u iStockphoto.com/Donna Coleman, 58o Dreamstime.com/Pavel Gribkov, 58u Dreamstime.com/Phil Morley, 59o Dreamstime.com/Nikhil Gangavane, 59u Dreamstime.com/Alena Yakusheva, 60–61 Digital Vision, 62u Dreamstime.com/Sugarfree.sk, 63o Dreamstime.com/Marco Regalia, 63u Corbis/Michael S. Yamashita, 64u USGS/David Wieprecht, 65o Corbis/Jim Sugar, 65u USGS, 66–67 iStockphoto.com/Liz Leyden, 66o OAR/National Undersea Research Program (NURP), 66u Dreamstime.com/Simon Gurney, 67o Dreamstime.com/Keoni Dibelka, 68o USGS/Jim Nieland, 68u Corbis/Gary Braasch, 69o USGS/Lyn Topinka, 69u Dreamstime.com/Samuel Price, 70o Dreamstime.com/Victorpr, 70u Corbis/Sean Sexton, 71o Corbis/Les Stone/Sygma, 71u Corbis/Jacques Langevin/Sygma, 72o Corbis/Keren Su, 72u Dreamstime.com/Hugo Maes, 73o iStockphoto.com/Jeffrey Zavitski, 73u Dreamstime.com/Angela Cable, 74o Corbis/Roger Ressmeyer, 74u USGS/W. Chadwick, 75o Corbis/Les Stone/Sygma, 75u USGS/Gene Iwatsubo, 76 Dreamstime.com/Robert Paul Van Beets, 77o Corbis/Mark Downey/Lucid Images, 77u Corbis/TWPhoto, 78o NOAA/NGDC (National Geophysical Data Center), 78u Corbis/George Hall, 79o Corbis/Bernard Bisson/Sygma, 79u NGDC (National Geophysical Data Center), 80–81o Digital Vision, 80–81u iStockphoto.com/CK Lai, 81or Corbis, 82o Corbis/Lisbon City Museum/Handout/Reuters, 82u USGS/Ralph O. Hotz, 83o Corbis/Peter Turnley, 83u Corbis/Warrick Page, 84o iStockphoto.com/James Benet, 84u Dreamstime.com/Adam Jastrzebowski, 85o Corbis/Reuters, 85u Dreamstime.com/Rafael Ramirez Lee, 86–87 iStockphoto.com/Vernon Wiley, 88o Corbis/Galen Rowell, 89u iStockphoto.com/Ogen Perry, 90 Dreamstime.com/Marc Johnson, 91o Dreamstime.com/Kevin Walsh, 91u iStockphoto.com/Warwick Lister-Kaye, 92–93 Dreamstime.com/Sascha Burkard, 93u Corbis/Skyscan, 94o Dreamstime.com/Jose Fuente, 94u Corbis/Robert Holmes, 95o iStockphoto.com/Robert Churchill, 95u Dreamstime.com/Jason Maeh, 96o Dreamstime.com/Alessandro Bolis, 96u Dreamstime.com/Andrew Millard, 97o Dreamstime.com/Robyn Mackenzie, 97u iStockphoto.com/Andrew Martin, 98o iStockphoto.com/Danny Warren, 99o iStockphoto.com/Marcella Francescangeli, 99u Dreamstime.com/Joeshmo, 100 Corbis/Steven Georges/Press-Telegram, 101ol Dreamstime.com/Mikel15, 101or iStockphoto.com/Andreas Glossner, 101u iStockphoto.com/Nick Spannagel, 102o iStockphoto.com/Peter Archibald, 102u Dreamstime.com/Keith Young, 103o iStockphoto.com/Dmitry Pichugin, 103u Dreamstime.com/Jduggan, 104o iStockphoto.com/Ben Blankenburg, 104u Dreamstime.com/Stepanjezek, 105o Dreamstime.com/Mark Breck, 105u Corbis/Martin Harvey, 106–107 Dreamstime.com/Troy Farr, 106u Dreamstime.com/Joy Prescott, 107u Dreamstime.com/Reinhard Tiburzy, 108o Dreamstime.com/Spunky1234, 108u iStockphoto.com/Rey Rojo, 109o iStockphoto.com/Martin McCarthy, 109u iStockphoto.com/Bjorn Heller, 110o Dreamstime.com/Stephen Girimont, 110u Corbis/Arctic-Images, 111u Corbis/Johnathan Blair, 112–113 Digital Vision, 114o iStockphoto.com/Horst Puschmann, 115o iStockphoto.com/Roman Krochuk, 115u iStockphoto.com, 116–117 Dreamstime.com/Laurin Rinder, 116o Dreamstime.com/Laurie Weed, 117o iStockphoto.com/Sandra vom Stein, 117u Corbis/Ariel Skelley, 118o iStockphoto.com/Rob Jamieson, 119o iStockphoto.com/Milos Mokotar, 119u iStockphoto.com/Greg Brzezinski, 120o iStockphoto.com/Gregg Mack, 120u iStockphoto.com/Russell Gough, 121o Dreamstime.com/Ling Xia, 122l Jeff Schmaltz, MODIS Rapid Response Team, NASA/GSFC, 122u Wikipedia.org/Uryah, 123o iStockphoto.com, 123u Dreamstime.com/Jeffrey Banke, 124o Digital Vision, 124u USGS/National Center for EROS/NASA Landsat Project Science Office, 125o NASA, 125u Dreamstime.com/Gert Vrey, 126u iStockphoto.com,127o iStockphoto.com, 127u iStockphoto.com, 128o Corbis/Annie Griffiths Belt, 129o iStockphoto.com, 129u Corbis/Frank Lukasseck, 130o Dreamstime.com/Pierdelune, 130u Corbis/Ashley Cooper, 130–131M Dreamstime.com/Jhaviv, 131o Dreamstime.com/Aleksejs J., 131u Corbis/Pierre Vauthey, 132–133 Dreamstime.com/Vladimir Korostyshevskiy, 132M iStockphoto.com/Christopher Steer, 133o iStockphoto.com/Tom Grundy, 133M iStockphoto.com/Ian Scott, 134o iStockphoto.com/Edward Todd, 134u iStockphoto.com/Matthew Ragen, 135o iStockphoto.com/Alistair Scott, 135u Dreamstime.com/Olga Lyubkina, 136o Corbis/Hawes Alan/Sygma, 136u Corbis/Next Photo/Sygma, 137o iStockphoto.com/Geoffrey Hammond, 138–139 iStockphoto.com/James Steidl, 140o iStockphoto.com/Michael Braun, 141o iStockphoto.com/Natalia Diakov, 141u iStockphoto.com/Michael Steden, 142–143 Corbis/Rick Doyle, 143o Dreamstime.com/Jesse, 143M Dreamstime.com/Elisalocci, 144l iStockphoto.com, 144u iStockphoto.com/Michelle Reaves, 145o Dreamstime.com/Carolyne Pheora, 146o Edward Simkins, 146–147 iStockphoto.com/Rey Rojo, 147o Dreamstime.com/Nico Smit, 148o NASA, 148u iStockphoto.com/Vera Bogaerts, 149o Dreamstime.com/Wolfgang Amri, 149u iStockphoto.com/Trina Denner, 150l iStockphoto.com/Tammy Peluso, 151or iStockphoto.com/Adrian Baddeley, 151M Dreamstime.com/Andrea Leone, 151u Dreamstime.com/Ian Scott, 152u Corbis/Douglas P. Wiilson/Frank Lane Picture Agency, 153o Corbis/Bob Gomel, 154M iStockphoto.com/Chris Zwaenepoel, 155o Dreamstime.com/Kiminnb, 156o Corbis/Ralph White, 156u OAR/National Undersea Research Program (NURP)/Woods Hole Oceanographic Inst., 157u Corbis/Ralph White, 158o Dreamstime.com/Pete Favelle, 158u Corbis/Tim Davis, 159u Corbis/Bettmann, 160o iStockphoto.com/Luis Pedrosa, 160u Corbis/Michael Freeman, 161o iStockphoto.com/Patricia Hofmeester, 161u Digital Vision, 162o Corbis/Bettmann, 162u iStockphoto.com/Kenneth C. Zirkel, 163o Corbis/Stephen Frink, 163u Dreamstime.com/Tatiana Edrenkina, 164–165 iStockphoto.com/Hans F. Meier, 166o Digital Vision, 167o Corbis/Nawang Sherpa/Bogati/ZUMA, 167u Dreamstime.com/Elena Elisseeva, 168o Dreamstime.com/Robyn Mackenzie, 168–169u Dreamstime/Eugene Barzakovsky, 169o iStockphoto.com/Barry Crossley, 169u iStockphoto.com, 170ol Dreamstime.com/Elena Schweite, 170or Dreamstime.com/Aleksandr Ugorenkov, 170u Dreamstime.com/Millan, 171o Dreamstime.com/Paula Stephens, 171u Dreamstime.com/Boris Pamikov, 172o Dreamstime.com/Johann Helgason, 172u Dreamstime.com/Danijel Micka, 173l Dreamstime.com/Kurt, 173r Dreamstime.com/Dageldog, 174–175 Dreamstime.com/John Wollwerth, 174M Dreamstime.com/Kmitu, 175o iStockphoto.com, 175u iStockphoto.com/David Cannings-Bushell, 176–177o Dreamstime.com/Oleksandr Staroseltsev, 176u Dreamstime.com/Demydenko Myhailo, 177o Dreamstime.com/Yakobchuk, 177u Dreamstime.com/Jorge Salcedo, 178u Dreamstime.com/Douglas Hall, 179or Dreamstime.com/Jörg Jahn, 179u Dreamstime.com/Dmytro Korolov, 180o Dreamstime.com/Viktor Ostashevskyy, 180u Dreamstime.com/Carolyne Pehora, 181o Dreamstime.com/Kjuby, 181u iStockphoto.com/Daniel Stein, 182l Dreamstime.com/Paul Moore, 182–183 Dreamstime.com/Roger Degen, 183o Dreamstime.com/Don Mace, 183M Corbis/Howard Burditt/Reuters, 184–185 Dreamstime.com/Vova Pomortzeff, 185o Dreamstime.com/Dmytro Korolov, 185u Corbis/Philippe Lissac/Godong, 186–187 iStockphoto.com/Sergey Dubrovskiy, 186u Corbis/Nik Wheeler, 187o Corbis/Wolfgang Kaehler, 187u iStockphoto.com/David P. Lewis, 188ol Dreamstime.com/Armin Rose, 188u Dreamstime.com/Millan, 189o iStockphoto.com/Lisa F. Young, 189u Dreamstime.com/Miflippo, 190–191 Corbis/Carson Ganci/Design Pics, 192u Jacques Descloitres, MODIS Rapid Response Team, NASA/GSFC, 193o Corbis/Daniel Aguilar/Reuters, 193u Melissa Ann Janssen/FEMA, 194o Marvin Nauman/FEMA, 194u Jocelyn Augustino/FEMA, 195o Bob McMillan/FEMA, 195u Mark Wolfe/FEMA, 196–197 Corbis/Eric Nguyen, 197o Mark Wolfe/FEMA, 198u John Plisich/ FEMA, 199o Andrea Booher/FEMA, 199u Corbis/Jim Reed, 200–201 iStockphoto.com/Christopher Walker, 200o iStockphoto.com/Vladimir Kondrachov, 201ol Dreamstime.com/Erik Lam, 201or iStockphoto.com/Alexei Zaycev, 201u Corbis/Nadeem Khawer/epa, 202u iStockphoto.com/Mark Rose, 202–203o Digital Vision, 203u National Park Service, 204o Dreamstime.com/Alexander Zhiltsov, 204u iStockphoto.com/Michael Madsen, 205o iStockphoto.com/Lars Lentz, 205u Corbis/Reuters, 206o Corbis/Reuters, 207o Corbis, 207u Crystal Payton/FEMA, 208o Dreamstime.com/Gennadij Kurilin, 208–209 Dreamstime.com/Kathy Wynn, 209o Dreamstime.com/Anna Chelnokova, 209u Dreamstime.com/Georgy Pchemyan, 210o iStockphoto.com/Silvia Jansen, 210u iStockphoto.com/Rick Hinson, 211M Corbis/Jim Reed, 212u Digital Vision, 213o Dreamstime.com/Bertrandb, 213u iStockphoto.com/Jan Will, 214o Dreamstime.com/Kanu Suguro, 214u iStockphoto.com/Ana Abejon, 215l Dreamstime.com/Showface, 215r Dreamstime.com/Lukasz Fus.